影视栏目包装

TV VOLUMN

PACKAGING

徐 灏 著

图书在版编目（CIP）数据

影视栏目包装 / 徐灏著. —上海：上海人民美术出版社，2017.6（2020.1重印）
新视域·中国高等院校数码设计专业十三五规划教材
ISBN 978-7-5586-0400-3

Ⅰ.①影… Ⅱ.①徐… Ⅲ.①三维动画软件-高等学校—教材 Ⅳ.①TP391.414

中国版本图书馆CIP数据核字（2017）第119775号

影视栏目包装

主　　编：陈洁滋
作　　者：徐　灏
策　　划：孙　青
责任编辑：孙　青
见习编辑：陈娅雯　马海燕
技术编辑：季　卫
整体设计：陆维晨
排版制作：陆维晨　刘　悦
出版发行：上海人民美术出版社
　　　　　上海市长乐路672弄33号
　　　　　邮编：200040　电话：021-54044520
网　　址：www.shrmms.com
印　　刷：上海印刷(集团)有限公司
开　　本：787×1092　1/16　12.25印张
版　　次：2017年6月第1版
印　　次：2020年1月第3次
印　　数：4801-9100
书　　号：ISBN 978-7-5586-0400-3
定　　价：48.00元

  3ds Max 是目前最为流行的一款三维制作软件,它功能强大,广泛应用于影视动画、游戏制作、工业造型及建筑装潢等行业。我们熟悉的 cs、魔兽世界等游戏、《蜘蛛侠2》《后天》等电影,《加菲猫》等动画均采用 3ds Max 制作。因此 3ds Max 软件完全能满足制作影视包装特效的需要。

  本书通过实际商业范例讲解 3ds Max 软件的技术重点,把命令介绍贯穿在实例讲解中,对作品的制作步骤进行了细致的解析。本书分为 4 章,包括三维影视动画基础知识、三维动态文字制作、三维影视动画特效制作、三维动态背景制作,共 23 个案例,涉及到 3ds Max 软件的动力学、粒子特效、综合特效制作等方面,在制作步骤中加强了对 3ds Max 软件自身功能的应用,并从不同视角提出相应的解决方案,同时提供一些类似案例供读者欣赏。

  本书完全从实际出发,所介绍的特效制作方法都是来自作者多年设计工作的经验积累,实用价值很高。书中部分案例的制作方法不拘泥于形式,富有创意。

  本书讲解通俗、内容全面、图文并茂,既适合希望掌握影视后期合成工具、提高后期制作水平的用户阅读,也可作为各类艺术院校和培训班影视动画专业学生的学习参考书。

  由于作者知识水平有限,难免有疏漏之处,恳请广大读者批评、指正。

目录 CONTENTS

第一章　绪论

一　影视栏目包装的概念与作用　2
　　1 影视栏目包装的概念　2
　　2 影视栏目包装的作用　2
二　影视栏目包装的要素　3
　　1 形象标识　3
　　2 画面视觉效果　3
　　3 音频元素　3
三　影视栏目包装的发展趋势　4
　　1 人文化包装　4
　　2 个性化包装　4
　　3 主题系列化包装　4
四　影视栏目制作的基础知识　5
　　1 电视制式　5
　　2 色彩表达模式　5
　　3 帧与场　6
　　4 分辨率与像素比　7
　　5 数字视频压缩及解码知识　8
五　3ds Max 数字视频选项设置　10

第二章　三维动态文字制作

一　飞散金属文字　14
二　波浪变形文字　22
三　爆炸镂空文字　27
四　炫光划过文字　32
五　闪光渐显文字　40
六　卷展运动文字　50
七　霓虹灯文字　55
八　案例赏析　60

第三章　三维影视动画特效制作

一　雪景特效制作　66
二　雨水特效制作　72
三　落叶特效制作　75
四　烟火特效制作　82
五　爆炸特效制作　86
六　碎裂特效制作　93

七 烟雾特效制作　　　　　　　　　　98

八 水流落瀑综合动画特效制作　　　102

九 案例赏析　　　　　　　　　　　111

第四章　影视栏目动态背景制作

一 五星闪耀炫动背景制作　　　　　116

二 中国风水墨动态背景制作　　　　141

三 舞动的丝带动态背景制作　　　　149

四 流光溢彩动态背景制作　　　　　158

五 影视频道动态背景综合制作　　　164

六 案例赏析　　　　　　　　　　　182

参考书目　　　　　　　　　　　　　184

附录　　　　　　　　　　　　　　　185

第一章

INTRODUCTION
绪论

TV COLUMN PACKAGING
影视栏目包装

学习目标：了解数字视频制作的相关基础知识。

学习重点：让读者了解不同的视频播放格式、画面像素比、常用视频压缩编码技术。

图1

一 影视栏目包装的概念与作用

1 影视栏目包装的概念

影视栏目包装是对影视节目的整体形象以及某个内容做一个外在形式的规范化和个性化呈现，主要包括图像和声音等制作。

时至今日，科学技术大发展使得影视行业、互联网媒体、移动终端媒体成为人们日常生活中不可或缺的娱乐媒介，相关市场得到快速成长。随着相关市场竞争的日益激烈，影视节目在制作过程中不得不做好包装宣传工作，提高内容的制作质量如图1所示，才可以吸引观众并提高收视率。

2 影视栏目包装的作用

（1）突出影视作品内容概况、突出电视栏目和频道的个性特点。

（2）确立并增强观众对作品内容、栏目内容、电视频道的整体印象。

（3）确立影视作品企业、栏目、频道的品牌地位。

（4）提高影视作品的观赏性。

INTRODUCTION 1
绪 论

二 影视栏目包装的要素

1 形象标识

在影视栏目包装中,应该把形象标识(CI)系统的设计和制作作为重点。它的基本要求是简洁、文字标题醒目、色彩协调、特点突出、有时代感,有些甚至可以体现一些地方或专业特色的效果。如图2所示为湖南广播电视台卫星频道标识。

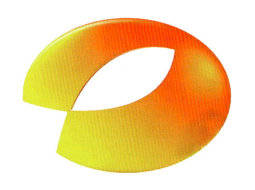

图2

2 画面视觉效果

影视栏目包装应该是一个节目制作最浓缩的精华,其精致程度应视同广告宣传片。所以栏目包装设计一定要了解影视发展规律,充分认识和掌握最新的影视艺术表现手法,把握节目和广告制作的趋势,利用最新的制作技术,数字三维技术以及虚拟现实技术使影视栏目包装的视觉效果站在影视制作的最前沿。如图3所示为影视短片片头包装效果。

图3

3 音频元素

音频包括语言、音乐、音效等元素。音频在影视栏目包装中起着非常突出的作用。在好的包装作品中,音频元素应和画面内容、观众情感形成一个整体。要做到这点,一是要整体设计作品,设计要符合影视作品内容和频道定位,做到高质量;二是要保持作品传播的相对长久

3

TV COLUMN PACKAGING
影视栏目包装

和稳定，时间能培养观众情感，最终塑造声音的形象识别。

三 影视栏目包装的发展趋势

1 人文化包装

这种人文化色彩主要体现在两个方面：一方面是受众感受得到尊重，强调受众的接受状态，强调他们对传播的感受、与传媒的沟通和联系。强调受众状态就要强调人的符号，而这种人的符号有时未必一定要出现人，而可以把人的感受作为主体凸现出来。在人文化层面上，包装的重点是对人的关怀，尽可能多地迎合人们的收视欲求，或不断刺激人们新的收视欲求。另一方面，现代传媒中人际传媒作用加强，越来越多的电视台开始制作主持人的宣传片。加强对主持人的宣传是媒体营销的重要策略，主持人通常是作为媒介代言人出现的，而"人"的强化传播越来越要求媒介的人格化，因而主持人宣传片的数量激增。

2 个性化包装

在电视包装的创意中，人们已经开始注意突出个性化风格。个性化风格应在地域文化和节目的总体风格两个方面得到体现。不同的地域孕育了不同的特色文化。电视文化在具有其现代化传媒属性的同时，还应反映出总体节目的品位和格调。人在不同的地域、文化背景下生活，他的气质会迥然不同。

3 主题系列化包装

主题系列的形象片包装近年来已逐渐为各家电视台推崇，它的优点在于内在识别系统的强化。媒体高频率地播出主题系列形象片，使观众在潜移默化中受到熏陶，并表示认可。同时，主题系列化包装还可以有效地避免整体意识过乱带来的内部不和谐。

近年来，随着影视栏目包装行业的日趋专业化，栏目包装技术也越来越被人们所重视，逐渐成为目前最受关注的技术之一。

INTRODUCTION 绪论 1

四 影视栏目制作的基础知识

1 电视制式

制式是电视信号标准的简称，即用来实现电视图像或声音信号所采用的一种技术标准。

制式主要根据帧频（场频）、分解率、信号带宽以及载频、色彩空间的转换关系等进行分区，各国采用的制式不一定都相同。

彩色电视机制式严格划分有很多种，例如国际线路彩色电视机，一般有21种彩色电视制式。但是把彩色电视制式分得很详细来学习和讨论，并没有实际意义。彩色电视机制式一般划分为三种形式，即 NTSC、PAL 和 SECAM。

正交平衡调幅制——National Television Systems Committee，简称 NTSC 制。采用这种制式的主要国家有美国、加拿大和日本等。这种制式的帧速率为 29.97fps（帧/秒），每帧 525 行 262 线，标准分辨率为 720×480。

正交平衡调幅逐行倒相制——Phase-Alternative Line，简称 PAL 制。中国、德国、英国和其他一些西北欧国家采用这种制式。这种制式的帧速率为 25fps，每帧 625 行 312 线，标准分辨率为 720×576。

行轮换调频制——Sequential Coleur Avec Memoire，简称 SECAM 制。采用这种制式的有法国、苏联和东欧一些国家。这种制式的帧速率为 25fps，每帧 625 行 312 线，标准分辨率为 720×576。

进口录像节目、视频节目和卫星电视节目带有生产国的制式烙印，在电视广播技术标准上与我国的 PAL/DK 有所不同，若想正常收看这些节目，就需设法使我们的电视机和要看的电视节目所具有的制式相一致，这通常有两种方法。

2 色彩表达模式

虽然制作技能是影响影视动画质量的重要因素，但往往一些基础性的细节能够影响整体。影视动画的基础中有一个看似可有可无，却很重要的存在—色彩模式。不同的色彩模式将会呈现出不同的制作效果，制作影视动画前需要对色彩模式有大致的了解。

RGB 模式俗称为三原色光模式或加色模式，任何一种色光都可以由 RGB 三原色按不同比例混合得到，一组按比例混合的红色、绿色、蓝色就是一个最小的显示单位。而当增加红色、绿色、蓝色光的亮度级时，色彩也将变得更亮。电视机、电影放映机、电脑显示器等都依赖于这种色彩模式。

CMYK 模式是由青色、品红、黄色以及黑色 4 种颜色组成，这种模式主要应用于图像的打印输出，所有商业打印机使用的都是这种模式。

LAB 模式既不依赖光线，也不依赖颜料，它是 CIE（Commission Internationale Eclairage）组织确定的一个理论上包括了人眼可以看见的所有色彩的色彩模式。LAB 模式弥补了 RGB 和 CMYK 两种色彩模式的不足，是 Photoshop 用来从一种色彩模式向另一种色彩模式转换时使用的一种内部色彩模式。

HSB 模式是根据人的视觉特点，用色相、饱和度以及亮度来表达色彩，它不仅仅简化了图像分析和处理的工作量，也更加适合人的视觉特点。

灰度模式属于非色彩模式。它只包含 256 级不同的亮度级别，并且只有一个 Black 通道。在图像中看到的各种色调都是由 256 种不同亮度的黑色表示。

3 帧与场

在网络中，计算机通信传输的是由 "0" 和 "1" 构成的二进制数据，二进制的数据组成 "帧"（Frame），帧是网络传输的最小单位。实际传输中，在铜缆（指双绞线等铜质电缆）网线中传递的是脉冲电流，在光纤网络和无线网络中传递的是光和电磁波（当然光也是一种电磁波）。

视频素材分为交错式和非交错式。当前大部分广播电视信号是交错式的，而计算机图形的软件包括 After Effects 等视频编辑软件是以非交错式显示视频的。交错视频的每一帧由两个场（Field）构成，称为场 1 和场 2，或奇场（Odd Field）和偶场（Even Field），在 After Effects 中，称为上场（Upper Fiedl），下场（Lower Field），这些场依顺序显示在 NTSC 或 PAL 制式的监视器上，能产生高质量平滑图像。

场是以水平隔线的方式保存帧的内容，在显示时先显示第一个场的交错间隔内容，然后再显示第二个场来填充第一个场留下的缝隙。每一个 NTSC 视频的帧大约显示 1/30 秒，每一场大约显示 1/60 秒，而 PAL 制式视频的一帧显示时间是 1/25 秒，每一个场显示为 1/50 秒。

原始视频帧（最原始的视频数据）可以根据编码的需要，以不同的方式进行扫描产生两种视频帧：连续或隔行视频帧，隔行视频帧包括上场和下场，连续（遂行）扫描的视频帧与隔行扫描视频帧有着不同的特性和编码特征，产生了所谓的帧编码和场编码。一般情况下，遂行帧进行帧编码，隔行帧可在帧编码和场编码间选取，如图 4 所示。

INTRODUCTION 1
绪论

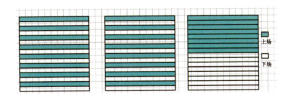

图4

4 分辨率与像素比

像素

像素指的是 CCD/CMOS 上光电感应元件的数量,一个感光元件经过感光、光电信号转换、A/D 转换等步骤以后,在输出的照片上就形成一个点,如果把影像放大数倍,会发现这些连续色调其实是由许多色彩相近的小方点所组成,这些小方点就是构成影像的最小单位"像素"(Pixel)。

分辨率

像素与分辨率两者密不可分,所谓的"分辨率"指的是单位长度中,所表达或撷取的像素数目。和像素一样,分辨率也分为很多种。

其中最常见的就是影像分辨率,比如数码相机输出照片最大分辨率,指的就是影像分辨率,单位是 ppi(pixel per inch)。

打印分辨率就是打印机或者冲印设备的输出分辨率,单位是 dpi(dot per inch)。

电脑显示器分辨率常见的设定有 640×480、800×600、1024×768 等。屏幕字型分辨率:PC 的字型分辨率是 96dpi,Mac 的字型分辨率是 72dpi。

像素比

我们以计算机显示器屏幕分辨率 1024×768 为例,这个屏幕的宽高比是 4:3,实际情况并不是这样,这种情况只建立在像素点是正方形的前提下,也就是在计算机的显示器下确实是 4:3。但是在电视上像素比就不是 1:1,由于存在不同的电视制式,早期 PAL 的尺寸是 768×576,NTSC 是 640×486,但是各硬件厂商为了不浪费设备材料就统一了显示标准,现在的 PAL 就成了 720×576,NTSC 为 720×480。

但是这样带来一个什么问题呢?就是原来的 768×576 的宽高比是 4:3(像素点是正方形的情况下),而现在的 720 就绝对不是标准的 4:3,为了能使 720 的画面看起来和 768 的一样宽,唯一的办法就是把像素给拉长,768÷720 ≈ 1.067,这就是像素的宽高比。

5 数字视频压缩及解码知识

在日常生活中,视频编解码器的应用非常广泛。很多视频编解码器可以很容易地在个人计算机和消费电子产品上实现,这使得在这些设备上有可能同时实现多种视频编解码器,这避免了由于兼容性的原因,使得某种占优势的编解码器影响其他编解码器的发展和推广。

最后我们可以说,并没有哪种编解码器可以替代其他所有的编解码器。下面是一些常用的视频编解码器:

AVI 格式是微软公司于 1992 年 11 月推出,作为其 Windows 视频软件一部分的一种多媒体容器格式。AVI 格式允许视频和音频交错在一起同步播放。AVI 支持 256 色和 RLE 压缩。AVI 格式是对视频文件采用了一种有损压缩方式,但压缩比较高,因此尽管画面质量不是太好,但其应用范围仍然非常广泛。

AVI 信息主要应用在多媒体光盘上,用来保存电视、电影等各种影像信息。

RMVB 是 REAL 公司推出的一个视频格式,此种格式在保证一定清晰度的基础上有良好的压缩率,产生的视频文件比较小,是网上最常用的视频格式之一。

INTRODUCTION 1
绪 论

　　MPEG-4 是网络视频图像压缩标准之一，特点是压缩比高、成像清晰。MPEG-4 的分辨率标准是 1024×728，也就是现在使用的高清电视。MPEG-4 压缩下的视频文件的图像和声音效果接近 DVD。

　　MOV 即 QuickTime 影片格式，它是 Apple 公司开发的一种音频、视频文件格式，用于存储常用数字媒体类型。QuickTime 具有跨平台、存储空间要求小等技术特点，QuickTime 文件格式支持 25 位彩色，支持领先的集成压缩技术，提供 150 多种视频效果，并配有提供了 200 多种 MIDI 兼容音响和设备的声音装置。它无论是在本地播放还是作为视频流格式在网上传播，都是一种优良的视频编码格式。

　　FLV 作为一种新兴的网络视频格式是 FLASH VIDEO 的简称，FLV 流媒体格式是随着 Flash MX 的推出发展而来的视频格式。由于它形成的文件极小、加载速度极快，使得网络观看视频文件成为可能，它的出现有效地解决了视频文件导入 Flash 后，使导出的 SWF 文件有体积庞大，不能在网络上很好地使用等问题。

TV COLUMN PACKAGING
影视栏目包装

五 3ds Max 数字视频选项设置

3ds Max 软件是目前制作影视栏目的主要软件之一该软件可以制作三维模型动画和特效，但是该软件不是视频剪辑软件，虽然可以直接输出 AVI 等视频文件，但是这方面的制作相对专业视频软件比较欠缺。

如果要通过 3ds Max 软件输出 AVI 文件，最好的效果是选择 Uncompressed 选项，也就是无损压缩，这样导出的视频视频文件非常清晰。具体设置如图 5 所示。

但这样做的缺点是输出的视频文件体积很大。

如果使用 3ds Max 软件默认的 AVI 视频压缩格式，其中的 Quality 数值可以调节，这样输出的文件会比较小，但是画面比较模糊，主要用作动画测试快速浏览，不能作为最终输出。具体设置如图 6 所示。

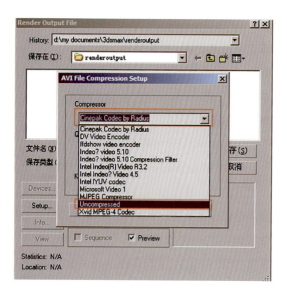

图 5

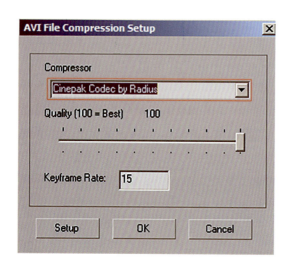

图 6

INTRODUCTION 1
绪 论

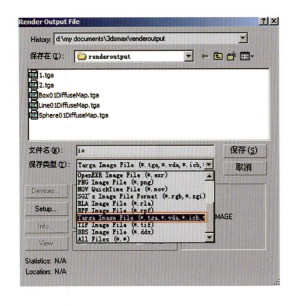

图 7

通常我们输出标准动画比较常用的方式就是使用 3ds Max 软件输出 TGA 序列帧，就是序列图片。因为 TGA 带通道，清晰度足够，而且图片文件比 TIF 小很多，如图 7 所示。

当然，根据需要和实际情况，也可以选择导出 PNG 或者 JPG 序列图片，如图 8 所示。

输出完成后可以使用视频编辑软件，例如 Premiere、After Effects 和 Edius 等进行参数调整、画面剪切、音效合成等工序，根据不同的要求输出压缩过的 AVI 或者 WMV 等常用视频格式，这样视频质量体积小。

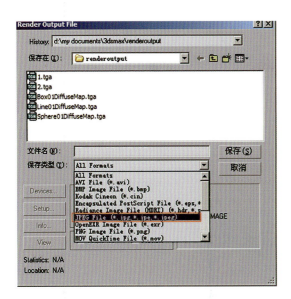

图 8

课后练习

1. 影视栏目包装的作用是什么？

2. 世界上电视播放制式有哪些分类？

3. 中国电视播放采用什么制式？

4. 如何在 3ds Max 软件中设置视频文件输出？

第二章

3D DYNAMIC TEXT MAKING
三维动态文字制作

TV COLUMN PACKAGING
影视栏目包装

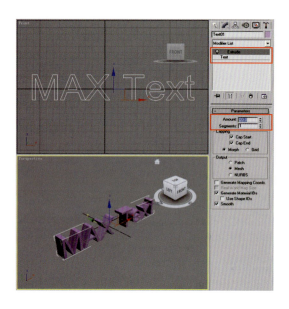

图1 挤压工具给文字一些厚度

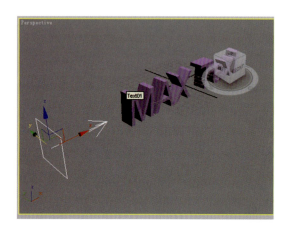

图2 在视图中建立一个风力

学习目标：学会使用3ds Max软件制作三维文字动态效果。

学习重点：掌握3ds Max软件中的各种变形修改器工具的使用方法、简单文字动态的制作方法、光晕特效的制作方法等。

一 飞散金属文字

制作思路：

1. 建立文字模型

2. 建立力场

3. 建立3ds Max粒子发射工具

4. 渲染输出效果

在本次的3ds Max粒子制作过程中，将学习如何给文字模型附加粒子飘散的效果。

首先，打开3ds Max软件，单击创建命令按钮下的图形创建按钮，在前视图创建一个Text，在Text中写上文字，调节文字参数。然后单击修改器列表，选择挤压工具给文字添加一些厚度。具体参数如图1所示。

下一步需要创建一个风力。选择Space Wraps选项下的Wind。在视图中建立一个风

3D DYNAMIC TEXT MAKING 2
三维动态文字制作

图 3 创建一个 Drag

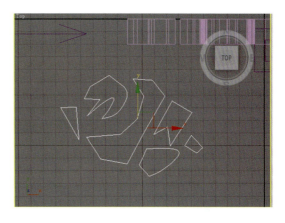

图 6 使用画线工具绘制一些线框图形

力。通过移动把它放到文字的左边。具体位置参考如图 2 所示。

以同样的方式创建一个 Drag，并把它放到风力的旁边，如图 3 所示。

下面需要调整一下几个物体的数值。选择 Wind 在参数调节面板中进行调节，具体参数如图 4 所示。

然后对 Drag 的参数进行修改，具体设置如图 5 所示。

接着单击顶视图，使用画线工具绘制一些任意形状的线框图形，最终的特效效果取决于这些图形。选择所有的图形进行成组，如图 6 所示。

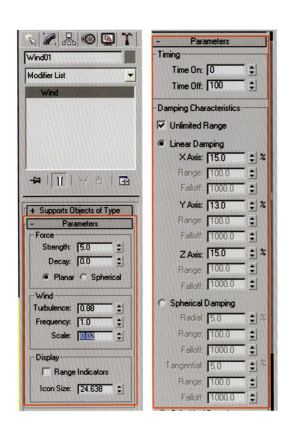

图 4 调整数值　　图 5 修改参数

15

TV COLUMN PACKAGING
影视栏目包装

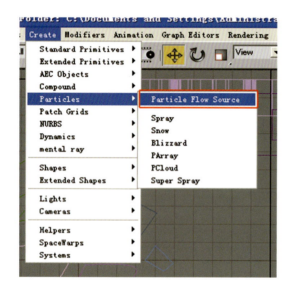

图 7 创建一个 Particle Flow Source

图 8 单击 Particle View

创建一个 Particle Flow Source,可以置入到任何一个视图当中,如图 7 所示。

选择 Pf Source 图标,在 Setup 单击 Particle View,或者按键盘的 6 键,如图 8 所示。

显示出粒子视图窗口的同时就已经创建了一个标准粒子物体,然后删除 Position、Speed 和 Shape,如图 9 所示。

拖动一个 Position Object 放到事件当中,将其置于 Emitter Objects,然后添加刚才的文本。具体参数调节如图 10 所示。

以同样方式再添加 Shape Instance 和 Force 两个选项,如图 11 所示。

选择 Force 01 并为其添加 Wind 和 Drag 的选项,如图 12 所示。

3D DYNAMIC TEXT MAKING

三维动态文字制作 2

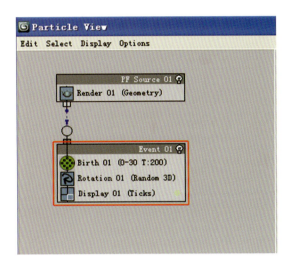

图 9 删除 Position、Speed 和 Shape

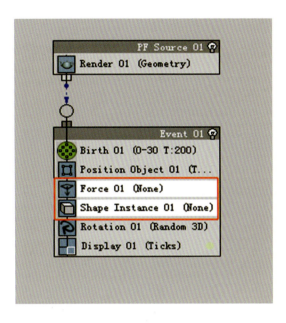

图 11 添加 Shape Instance 和 Force

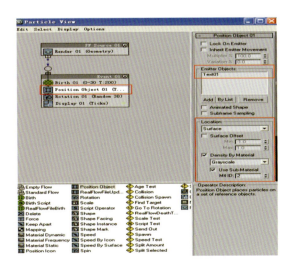

图 10 添加文本

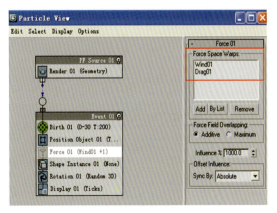

图 12 添加 Wind 和 Drag 的选项

17

TV COLUMN PACKAGING
影视栏目包装

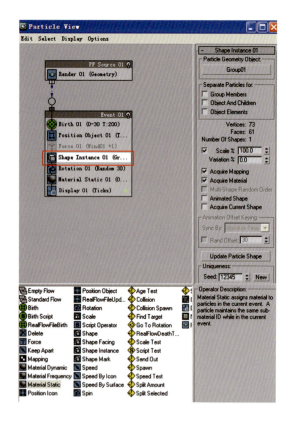

图 13 选择 Shape Instance 01

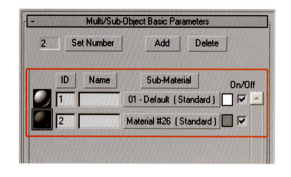

图 14 空材质球转换成多重子材质类型

接着选择 Shape Instance 01，单击添加刚才绘制的图形组合，如图 13 所示。

打开材质编辑器，选择一个空材质球转换成多重子材质类型，并把数量调节成 2 个。然后选择 1 号材质，把漫反射的颜色调节为白色，如图 14 所示。

在不透明通道中使用渐变坡度选项。渐变形式为黑色坡度，做一个从左到右线性渐变。这样做到第 80 帧的时候就变成白色。添加一点噪波效果，让效果更加好些。具体参数设置如图 15 所示。

调节 2 号材质，在 Diffuse 通道中添加一个渐变坡度。具体的参数调节如图 16 所示。

接着将 1 号材质中的不透明通道的渐变坡度，复制到 2 号材质的不透明通道中，如图 17 所示。

然后把这个材质赋予 Text 文本上，如图 18 所示。

3D DYNAMIC TEXT MAKING
三维动态文字制作 2

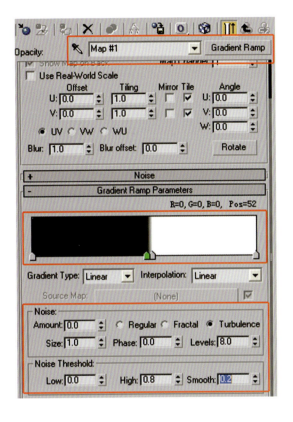

图 15 添加噪波效果

图 16 在 Diffuse 通道中添加渐变坡度

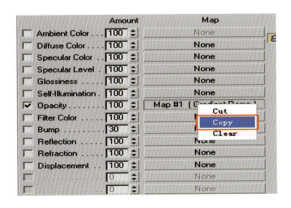

图 17 渐变坡度复制到 2 号材质的不透明通道中

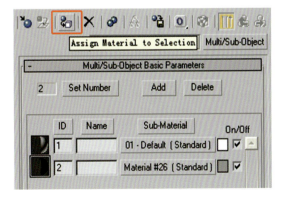

图 18 材质赋予 Text 文本上

TV COLUMN
PACKAGING
影视栏目包装

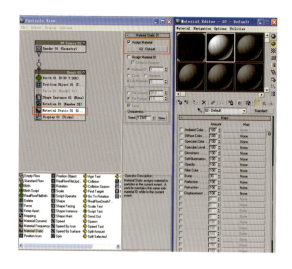

图 19 材质拖拽放到 Assign Material 中

然后打开粒子修改视图中，在事件列表中添加 Material Static，将那个纯白的材质拖拽到 Assign Material 中，如图 19 所示。

单击键盘的 F9 键进行快速渲染，渲染完成将看到文字随机破碎成粒子的图像。如图 20 所示。

再单击键盘的 F10 键，这时打开渲染设置窗口，设置动画帧数为 0 到 100 帧，输出尺寸选择 HDTV，单击数值为 1280x720 的选项，如图 21 所示。

设置文件为 TGA 格式 32 位像素（这将让它有透明通道），然后渲染输出为动画序列文件，这样便于进行后期的制作修改。如图 22 所示。

图 20 文字随机破碎成粒子的图像

3D DYNAMIC TEXT MAKING

三维动态文字制作 2

案例总结：在本次的 3ds Max 特效制作过程中，演示了如何建立文字模型并附加粒子飘散的效果。其中的关键步骤就是如何绑定 3ds Max 重力系统和如何设定简单粒子发射器工具，为了最终渲染的效果达到较好的视觉呈现，还需要掌握如何调节模型贴图多量子材质类型。

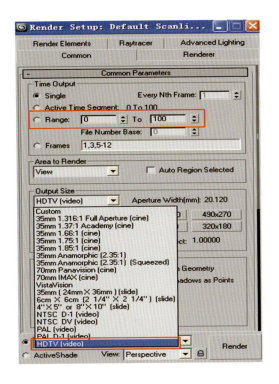

图 21 设置渲染

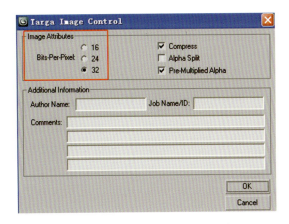

图 22 设置文件为 TGA 格式 32 位像素

21

TV COLUMN PACKAGING
影视栏目包装

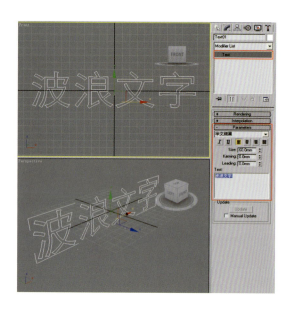

图 23 调整各种参数

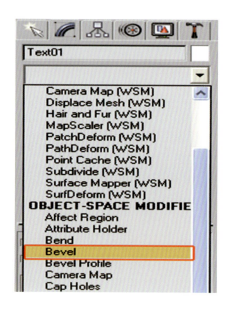

图 24 单击 Modifier List 中的 Bevel 项

二 波浪变形文字

制作思路：

1. 建立文字模型

2. 使用多种修改器工具改变文字形态

3. 建立动画效果

首先我们启动 3ds Max 软件，依次单击创建命令面板、Shape 创建面板、Text 按钮。在前视图中绘制文字 Text 01，并适当调整其文字大小等参数，字体为华文细黑，如图 23 所示。

单击 Modifier 命令面板，单击 Modifier List 下拉框中的 Bevel 项，如图 24 所示。

打开其参数进行设置，具体设置数据参考如图 25 所示。

单击 Create 命令面板中的 Space Warps 按钮进入其创建面板，在下拉列表中选择 Geometric/Deformable 项，单击 Wave 按钮，如图 26 所示。

在前视图中拖拽出一个波浪 Wave 01，并调整其位置，如图 27 所示。

3D DYNAMIC TEXT MAKING
三维动态文字制作 2

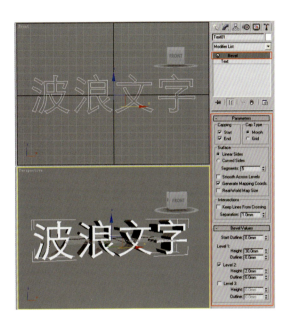

图 25 设置参数

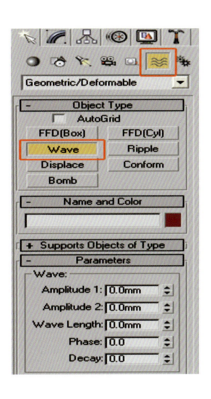

图 26 单击 Wave 按钮

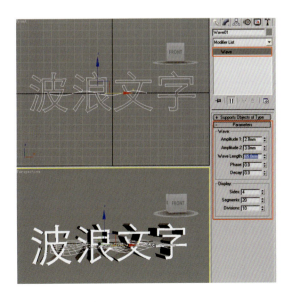

图 27 拖拽出波浪 Wave01

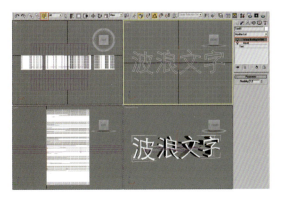

图 28 单击工具栏的"绑定到空间扭曲"按钮

23

TV COLUMN PACKAGING
影视栏目包装

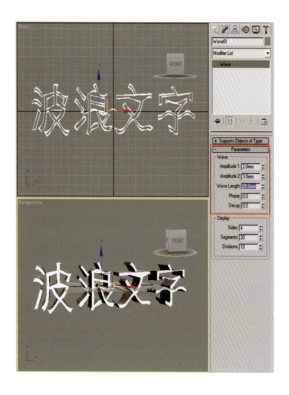

图 29 进入 Modifier 命令面板进行修改参数

选中 Text01，单击工具栏上的"绑定到空间扭曲"按钮，然后选择视图中的 Wave01，此时文字就产生了波浪起伏效果，如图 28 所示。

在选择 Wave01 时，既可以直接在视图中用鼠标单击选择，也可以按键盘上的 H 键弹出选择面板进行选择。选择 Wave01，进入 Modifier 命令面板进行操作，修改其参数，如图 29 所示。

其中，Amplitude 1 和 Amplitude 2 参数值用来定义波浪的振幅大小，Wave Length 值用来设定波浪的波长，Display 栏中的参数用来设定波浪在视图中的显示模式，与最终渲染效果无关。

选中 Wave01，单击动画区中的 Auto Key 按钮，拖动时间滑块到第 100 帧处，调整其波长参数，如图 30 所示，随即再次单击 Auto Key 退出动画编辑状态。

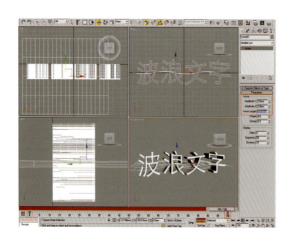

图 30 调整波长参数

3D DYNAMIC TEXT MAKING
三维动态文字制作 2

接着对物体添加材质贴图，单击工具栏上的 Material Editor 按钮，打开其面板，选择第一个材质球，打开 Maps 卷展栏，单击 Diffuse Color 后的 None 按钮，打开 Material/Map Brower 面板，选择 New 单选项，然后在左边列表中双击 Bitmap 贴图，为其指定一图片，如图 31 所示，将此材质赋予 Text01。

单击 Rendering 菜单中的 Environment 命令，打开其窗口，启用环境贴图，并为其指定一天空图片，如图 32 所示。

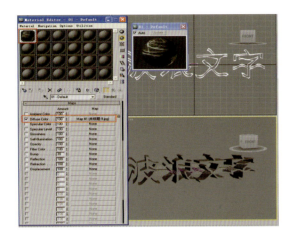

图 31 双击 Bitmap 贴图，指定一图片

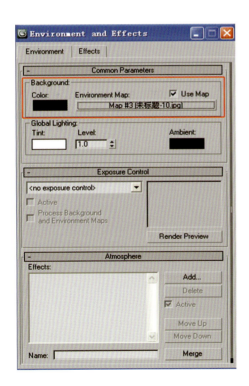

图 32 在 Environment 命令中启用环境贴图

25

TV COLUMN PACKAGING
影视栏目包装

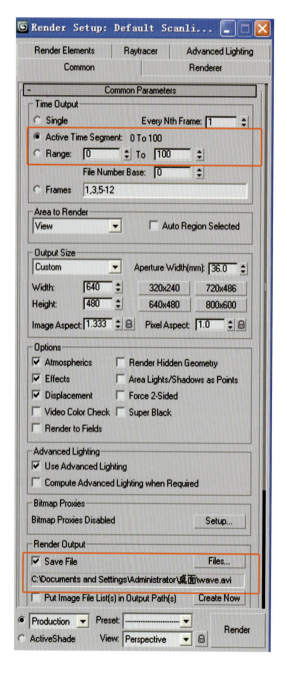

我们单击工具栏上的Render Setup按钮，定义动画活动范围0—100，设置视频文件的保存名字和路径，选择渲染视图，如图33所示。

最后单击渲染，可以看到连续的动画效果，最终输出动画文件，如图34所示。

案例总结：在本次的3ds Max特效制作过程中，演示了如何使用软件的多种修改器工具，使文字模型产生变形的效果。其中的关键步骤是如何设置绑定到空间扭曲以及如何设定动画时间。

图33 定义动画活动范围0—100

图34 输出动画文件

3D DYNAMIC TEXT MAKING
三维动态文字制作 2

三 爆炸镂空文字

制作思路：

1. 文字转换成样条曲线

2. 创建粒子发射阵列，拾取文字图形

3. 背景灯光的建立

首先选择创建命令下的图形选项，在视图创建文本"3ds Max Text"和一个矩形框；选择文字，进入修改面板，加入 Edit Spline，将文本转换成样条曲线，如图 35 所示。

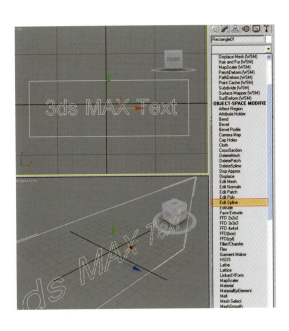

图 35 将文本转换成样条曲线

单击鼠标右键，选择 Attach 命令，在视图中，单击矩形框，将与文本合并成一个镂空图形。如图 36 所示。

可以通过多种方法创建镂空的文字物体，最常用的就是 Boolean 运算，但是 Boolean 运算因物体复杂程度的不同容易发生计算错误，产生物体撕裂。因此这里使用图形工具进行制作，并对图形进行倒角处理生成效果。

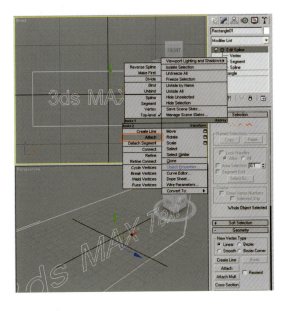

图 36 选择 Attach 命令合并成一个镂空图形

TV COLUMN PACKAGING
影视栏目包装

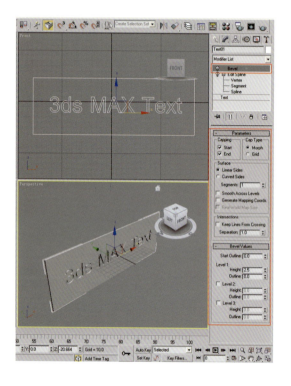

图 37 修改参数

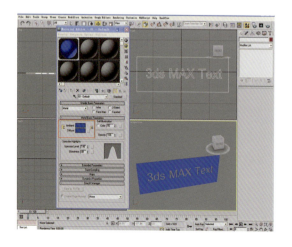

图 38 制作一种蓝色金属材质赋予文字物体

选择修改器列表里的 Bevel 命令，参数如图 37 所示。这样创建镂空的文字物体完成。如果出现表面畸形，需要对图形的点进行调节以修正。

单击键盘的 M 键，打开材质编辑器，Diffuse Color 选择蓝色，制作一种蓝色金属材质赋予文字物体。具体设置参考如图 38 所示。

接下来这个步骤是最为关键的一步，首先创建与前一步骤同样的文本，转换成可编辑的样条线，命名为 Text-Parray，如图 39 所示。

单击创建按钮下几何体 / 粒子系统 / 粒子阵列，在前视图建立一个粒子阵列系统，位置可任意放置；按下 Pick Object（拾取物体）钮，选择 Text-Parray，勾选 Object Fragments，在视图中显示的文字物体已裂成碎块。破裂的文字物体被赋予与镂空文字物体相同的材质，如图 40 所示。

修改粒子阵列系统的参数，设置 Thickness 值为 8，这将使碎片变为有体积的碎块；选择 Number Of Chunks，使用默认缺省值 100 即可，如图 41 所示。

展开 Particle Generation 项目面板，设置 Speed 的 Variation 值为 45；设置 Divergence 值为 32，这样粒子将呈发散角度飞行；设置

28

3D DYNAMIC TEXT MAKING
三维动态文字制作 2

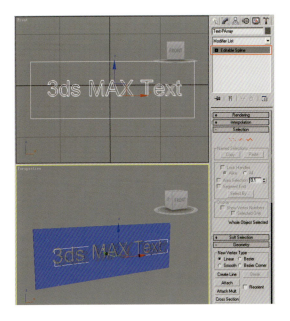

图 39 转换成可编辑的样条线

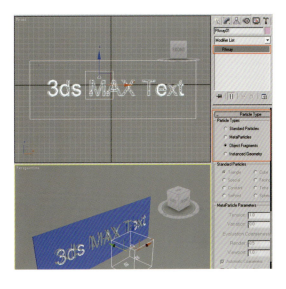

图 40 建立粒子阵列

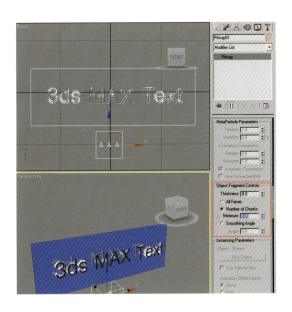

图 41 修改粒子阵列系统的参数

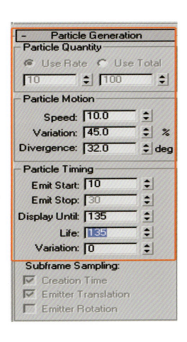

图 42 设置 Particle Generation 的参数

29

TV COLUMN
PACKAGING
影视栏目包装

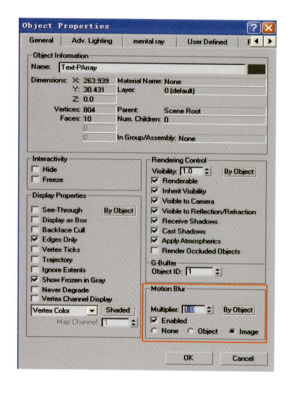

图 43 修改 Object Channel 参数为 1

Emit Start 帧为 10, Display Until 值为 135, Life 值为 135, 这样碎块将从第 10 帧起爆裂, 直至动画结束, 如图 42 所示。

碎块在爆裂时最好有一定的模糊效果, 右击碎块物体, 进入 Properties 设置; 选择 Image 方式的 Motion Blur 处理; 并将 Object Channel 值设为 1, 以便于对其进行 Glow 后期处理, 如图 43 所示。

为了增加场景的气氛, 我们可以创建一盏聚光灯, 置于文字物体背后, 投射方向为摄影机的镜光; 设置灯光颜色为 R=255 、G=239、B=69, Multiple 值为 2, 以产生较强光; 勾选 Attenuation 项目中 Far 的 Use 和 Show 项, 将其 Start 值设为 660, End 值设为 988, 光就从 660 位置开始衰减, 直到 998 的位置消失。设置参考如图 44 所示。

接着灯光类型设置为 Rectangle 灯光, Asp 值为 3.5, 使其与文字物体的面积近似; 设置其 Hotspot 值为 15.6, Falloff 值为 18, 数值近似即可, 如图 45 所示。目的是使文字物体正好落在聚光灯的照射范围内, 如果要产生不同光芒的体积光, 还要为聚光灯指定一个不同颜色效果的噪波贴图。最后通过设置渲染输出, 完成最终动画文件的制作, 如图 46 所示。

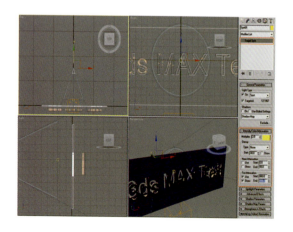

图 44 修改 Attenuation 中多项参数

30

3D DYNAMIC TEXT MAKING 2
三维动态文字制作

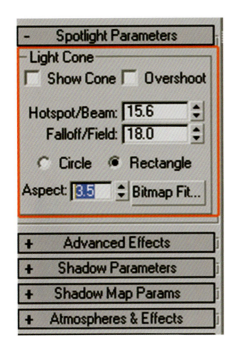

图 45 修改灯光参数

案例总结：本次的 3ds Max 特效制作过程演示了如何将一个文字模型转换成样条曲线模式并附加镂空的效果，其中的关键步骤是使用粒子发射阵列工具如何绑定到图形以及如何设定爆炸效果的参数。

图 46 确认灯光与字体的位置

TV COLUMN PACKAGING
影视栏目包装

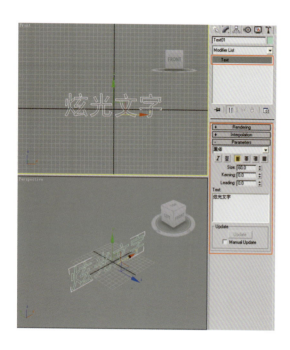

图 47 创建图形按钮

图 48 传统手绘无法正常生成的立体文字

四 炫光划过文字

制作思路：

1. 修改文字字体

2. 金属材质的设置

3. 使用 3ds Max 软件的 Vide Post（横向右调整）工具调整动画效果

首先单击进入创建面板下的图形按钮，在视图中输入文本"炫光文字"，如图 47 所示。

单击进入 Modifier 面板，在 Modifier List 中选择 Bevel 命令，但在处理有些笔画复杂的汉字或是某些轮廓复杂字体时，会出现无法正常生成立体造型的情况，需要传统的手绘方法来辅助完成，如图 48 所示，案例中的"文"字下半部分消失了，这是因为在黑体中两笔结交处粘合在一起，导致不能成为正常的闭合线条。要解决这一问题，除了费时的传统手绘方法外，还可以通过更换字体直接避开。

3D DYNAMIC TEXT MAKING
三维动态文字制作 2

图 49 更换无法正常生成的字体

在 Modifier List 下方的已使用命令列表中选择 Text，更换文本的字体为华文细黑即可，如图 49 所示。

继续使用 Bevel 命令，将参数调至如图 50 所示，要注意 Level 2 中的 Outline 值不可过低，否则文字造型将可能出现破面现象。

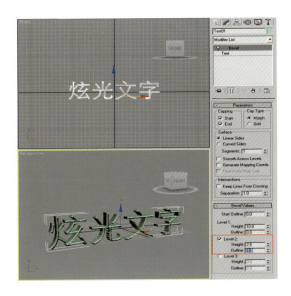

图 50 调整 Bevel 中参数

33

TV COLUMN PACKAGING
影视栏目包装

图51 赋予文字造型

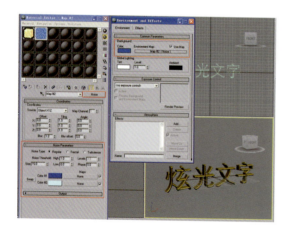

图52 在菜单下选择并更改多项参数

制作一个简单的黄色金属材质；在 Maps 项目中单击 Reflection 右侧的 None，选择 Smoke，将材质赋予文字造型，如图 51 所示。

为了更好地衬托文字造型，需要一个背景；单击菜单 Rendering 下的 Environment and Effects；勾选 Common Parameters 中的 Use Map；单击下方的 None，在弹出的浏览器列表中选择 Noise；打开 Material Editor（材质编辑器），将 Map #2 (Noise) 拖至一个新的材质示例窗中，选择 Instance，确认；在噪波参数中，将 Size 值设为 15；Low 值设为 0.3，以增强 Color#1 的效果；Color #1 色值设为 R=0, G=75, B=234；(Color #2) 色值设为 R=223, G=237, B=255；创建一个摄影机，便于观察效果。具体设置如图 52 所示。

为了增强文字造型的立体感，我们可以创建一个长方体作为背板接收来自文字造型的阴影，同时创建一个极薄的长方体挡板用来遮盖文字造型，如图 53 所示。

接着制作挡板材质，在材质编辑器中激活新的示例窗口，赋予 Matte/Shadow 材质，如图 54 所示。

3D DYNAMIC TEXT MAKING
三维动态文字制作 2

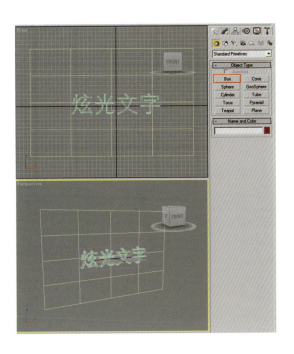

图 53 创建背板接受文字阴影

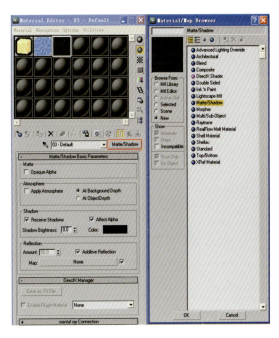

图 55 更改参数并赋予材质

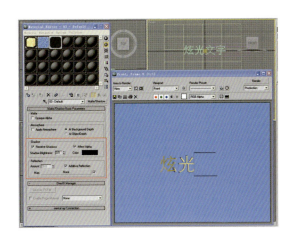

图 54 激活新的窗口并赋予材质

确认基本参数中的 Receive Shadows 已勾选,并将 Shadow Brightness 设为 0.4,以调节阴影浓度;将材质赋予背板与挡板。创建一盏启用阴影功能的"泛光灯",效果如图 55 所示。

TV COLUMN PACKAGING
影视栏目包装

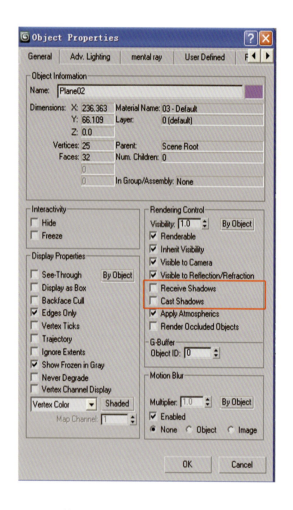

图 56　调整选项

可以看出挡板在背板上也投射了阴影，需要去除挡板的投射阴影；激活挡板，单击右键，选择 Object Properties（属性），在渲染控制中去除接收阴影和投影阴影的勾选，如图 56 所示。

继续创建眩光光源，在 Create 面板中，单击 Helpers 下的 Point，设置在挡板的左边边线的中点上，并与挡板链接在一起，如图 57 所示，它将作为眩光的发光源。

接着设置动画，激活主界面下的 Set Key，单击左边设置关键点按钮，将当前第 0 帧场景记录为关键帧；跳至最后一帧，再将挡板向右平移出摄影视线外，再按下 Set Key 按钮，将第 99 帧设为关键帧，如图 58 所示。

制作眩光需要使用 3ds Max 中非常重要的 Video Post 工具，单击菜单 Rendering 下"Video Post"按钮，如图 59 所示。

单击 Add Scene Event，选择 Camera 01 视图，确认，如图 60 所示。

3D DYNAMIC TEXT MAKING

三维动态文字制作 2

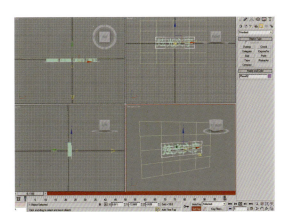

图 57 选择光源 "Point01"

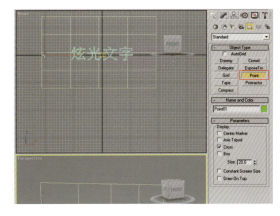

图 58 设置路径

图 59 注意 Rendering 下的 "VideoPost" 按钮

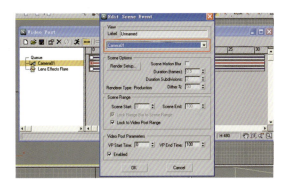

图 60 Camera 01 视图

37

单击 Add Image Filter Event，在列表中选择 Lens Effects Flare，如图 61 所示。

进入设置，单击 Node Sources 选择光源 Point01，再单击确认，如图 62 所示。

单击 Add Image Output Event，单击 Files，设定输出动画的路径和文件名（扩展名选 .avi）。文件的压缩设置可以根据动画质量与文件大小的要求而选择不同的压缩算法和参数，也可以设置同时输出多个文件，以比较不同的效果，如图 63 所示。

单击 Execute Video Post，勾选 Time Output 下的 Range 再选择合适的图像尺寸，再单击渲染，如图 64 所示。

等待数分钟即可生成最终的动画效果，如图 65 所示。

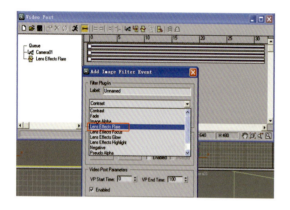

图 61 选择 Lens Effects Flare 选项

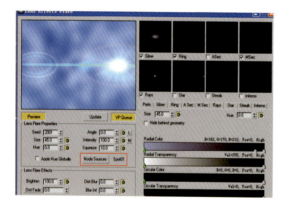

图 62 选择光源 Point01

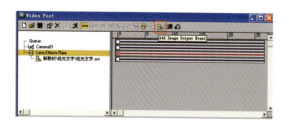

图 63 设置多个输出文件以便比较不同

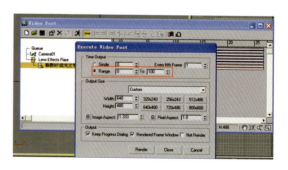

图 64 选择合适尺寸进行渲染

3D DYNAMIC TEXT MAKING 2
三维动态文字制作

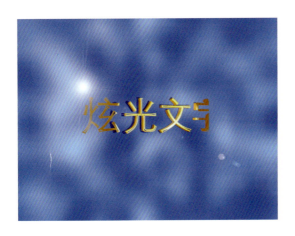

图 65 最终动画效果

案例总结：本案例目的在于制作出在眩光的移动下依次出现文字造型的效果，因此需要通过一个不可见的挡板物体完全遮盖住文字并随眩光一起运动，基本步骤非常简单，重点在于材质的制作和物体属性的设置。另外，还涉及3ds Max中非常重要的Video Post (视频合成)部分。

TV COLUMN PACKAGING
影视栏目包装

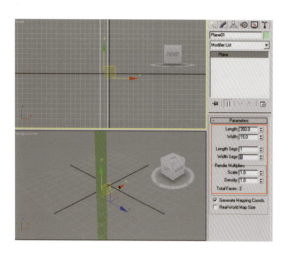

图 66 设置参数

五 闪光渐显文字

制作思路：

1. 动画关键帧的设定

2. Curve Editor 工具的使用

我们打开 3ds Max 软件，激活 Front 视图，单击键盘的 Z 键将视图最大化处理。单击创建按钮，选择 Plane，在视图中创建一个名为 Plane01 的平面。接着在修改面板下对平面参数进行设置，具体数值如图 66 所示。

接着单击键盘的 M 键打开材质编辑器，选择一个材质球，使用 Blinn 材质，调节 Diffuse 颜色为白色，Self-Illumination 下的颜色值为 100。将修改好的材质赋予 Plane01，如图 67 所示。

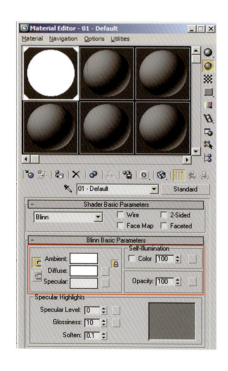

图 67 赋予材质

3D DYNAMIC TEXT MAKING
三维动态文字制作 2

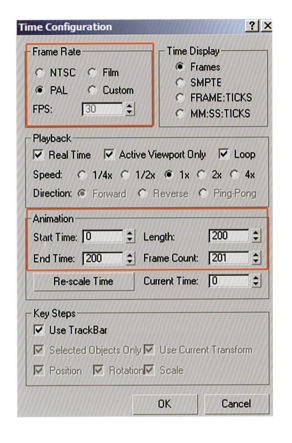

保持当前视图为前视图，通过移动工具使平面物体移到合适的位置。单击时间配置按钮，设置其中的 Frame Rate 为 Pal，设置 End Time 为 200，完成后单击 OK，如图 68 所示。

单击 Autokey 按钮，移动时间滑块到 20 帧位置，选中平面物体，在时间轴下方的 x 轴数值框里输入 –45 的数值，这时平面按需要沿 x 轴向右移动位置，如图 69 所示。

图 68 调节参数

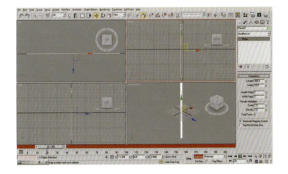

图 69 沿 X 轴向右移动位置

41

TV COLUMN
PACKAGING
影视栏目包装

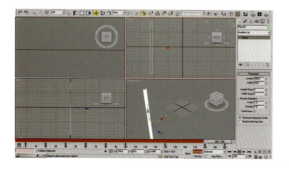

图 70　调节参数

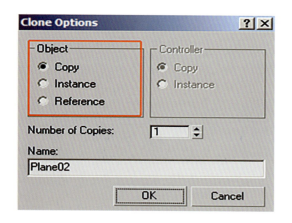

图 71　复制出"Plane02"物体

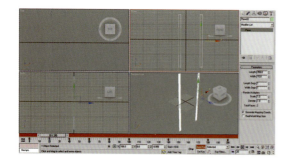

图 72　调整位置

我们使用同样的方法，保持 Autokey 按钮红色单击状态下，将时间滑块分别移动到 40 帧（沿 x 轴方向向右调整 160 的位置）、60 帧（沿 x 轴方向向左调整 –45 的位置）、80 帧（沿 x 轴方向向右调整 220 的位置）、100 帧（沿 x 轴方向向左调整 –100 的位置）、140 帧（沿 x 轴方向向左调整 –76 的位置）、180 帧（沿 x 轴方向向右调整 178 的位置）和 200 帧（沿 x 轴方向向左调整 –218 的位置）。这样平面物体的位移动画设置完成。位移参数仅供参考，读者可以自行调整位移幅度，直到合适为止。如图 70 所示。

我们将时间滑块移动到第 0 帧，按住 Shift 键，使用移动工具选中平面物体，沿 x 轴方向移动复制出"Plane02"物体，如图 71 所示。

接着我们通过捕捉关键点方式，调整"Plane02"物体的位移动画。单击激活关键点锁定按钮，单击下一关键点按钮，这时时间滑块会移动到第 20 帧，使用之前同样的方法沿 x 轴向右调整平面的位置，输入数值 106，如图 72 所示。

3D DYNAMIC TEXT MAKING
三维动态文字制作 2

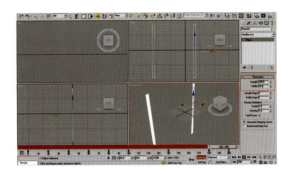

图 73 制作位移动画

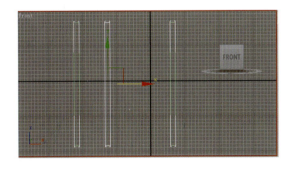

图 74 移动并复制"Plane03"物体

　　下面制作完成"Plane02"物体的位移动画，保持激活关键点锁定按钮，单击下一关键点按钮，这时间滑块移动到 40 帧（沿 x 轴方向向左调整 –90 的位置）。同样的方法，分别在第 60 帧（沿 x 轴的方向向右调整 90 的位置）、80 帧（沿 x 轴的方向向左调整 –108 的位置）、100 帧（沿 x 轴的方向向左调整 –100 的位置）、140 帧（沿 x 轴的方向向左调整 –88 的位置）、180 帧（沿 x 轴的方向向左调整 –116 的位置）和 200 帧（沿 x 轴的方向向右调整 66 的位置）。这样就制作了两个平面的位移动画，效果如图 73 所示。

　　我们将时间滑块移动到第 0 帧，重新选择 Plane01 物体，按住键盘的 Shift 键，沿 x 轴向右进行移动并复制出"Plane03"物体，如图 74 所示。

TV COLUMN PACKAGING
影视栏目包装

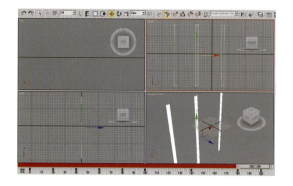

图 75 设置关键帧

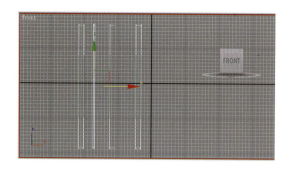

图 76 复制出"Plane02"物体

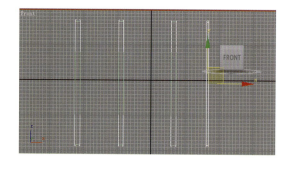

图 77 设置关键帧

使用同样的方法，保持 Autokey 按钮红色单击状态下，将时间滑块移动到 40 帧，在下方时间块的 x 轴选项里输入 160 的数值，将时间滑块移动到 60 帧，在下方时间块的 x 轴选项里输入 –45 的数值，将时间滑块移动到 80 帧，在下方时间块的 x 轴选项里输入 220 的数值，将时间滑块移动到 100 帧，在下方时间块的 x 轴选项里输入 –100 的数值，将时间滑块移动到 140 帧，在下方时间块中的 x 轴选项里输入 –76 的数值，将时间滑块移动到 180 帧，在下方时间块的 x 轴选项里输入 178 的数值，将时间滑块移动到 200 帧，在下方时间块的 x 轴选项里输入 –218 的数值。这样平面物体的位移动画设置完成。位移参数仅供参考，读者可以自行调整位移幅度，直到合适为止，如图 75 所示。

我们将时间滑块移到 0 帧，按住 Shift 键，使用移动工具选中平面物体，沿 x 轴方向复制出"Plane02"物体。如图 76 所示。

接着我们通过捕捉关键点方式，调整 Plane02 物体的位移动画。单击激活关键点锁定按钮，单击下一关键点按钮，这时时间滑块会移动到第 20 帧，使用之前同样的方法沿 x 轴向右调整平面的位置，输入数值 106，如图 77 所示。

下面制作完成 Plane02 物体的位移动画，

3D DYNAMIC TEXT MAKING
三维动态文字制作 2

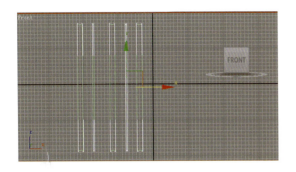

图78 设置关键帧

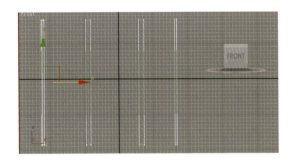

图79 复制出Plane03物体

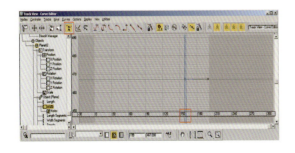

图80 添加关键帧

保持激活关键点锁定按钮，单击下一关键点按钮，这时时间滑块移动到40帧，在下方时间块的x轴选项里输入–90的数值。同样的方法，分别移动到60帧在下方时间块的x轴选项里输入90的数值；移动到80帧在下方时间块的x轴选项里输入–108的数值；移动到100帧在下方时间块的x轴选项里输入–100的数值，移动到140帧在下方时间块的x轴选项里输入–88的数值，移动到180帧在下方时间块的x轴选项里输入–116的数值，移动到200帧在下方时间块的x轴选项里输入66的数值。这样就制作了两个平面的位移动画，效果如图78所示。

我们将时间滑块移动到0帧，重新选择Plane01物体，按住键盘的Shift键，沿x轴向右进行移动并复制出Plane03物体，如图79所示。

下面制作完成Plane03物体的位移动画，保持激活关键点锁定按钮，单击下一关键点按钮，这时时间滑块移动到20帧，在下方时间块的x轴选项里输入200的数值。同样的方法，分别移动到40帧，在下方时间块的x轴选项里输入–50的数值；移动到60帧，在下方时间块的x轴选项里输入–86的数值，移动到80帧，在下方时间块的x轴选项里输入–210的数值，移动到100帧，在下方时间块的x轴选项里输入–50的数值；移动到140帧，在下方时间块

TV COLUMN
PACKAGING
影视栏目包装

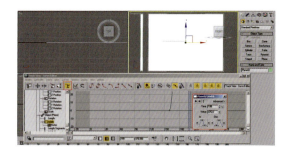

图 81 调整数值

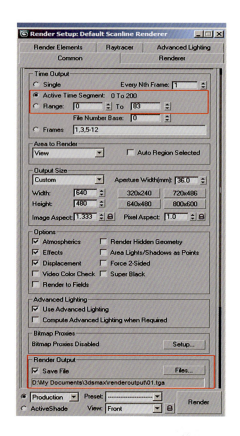

图 82 输出动画参数调整

的 x 轴选项里输入 118 的数值；移动到 180 帧，在下方时间块中的 x 轴选项里输入 –325 的数值；移动到 200 帧，在下方时间块的 x 轴选项里输入 –90 的数值。再单击关键点按钮，跳转到 0 帧，在下方时间块的 x 轴选项里输入 128 的数值。这样就制作了三个平面的位移动画，效果如图 80 所示。

接着我们制作第四个平面物体位移动画。同样将时间滑块调整到 0 帧，选择 Plane01 物体，按住 Shift 键，沿 x 轴向右移动并复制出 Plane04 物体。再修改命令面板，修改 Plane04 物体的宽度为 5，这样画面就有了粗细的变化，效果如图 81 所示。

下面制作完成 Plane04 物体的位移动画，保持激活关键点锁定按钮，单击下一关键点按钮，这时时间滑块移动到 20 帧，在下方时间块的 x 轴选项里输入 30 的数值。同样的方法，分别移动到 40 帧，在下方时间块的 x 轴选项里输入 25 的数值；移动到 60 帧，在下方时间块的 x 轴选项里输入 25 的数值；移动到 80 帧，在下方时间块的 x 轴选项里输入 –65 的数值；移动到 100 帧，在下方时间块的 x 轴选项里输入 155 的数值；移动到 140 帧，在下方时间块的 x 轴选项里输入 50 的数值；移动到 180 帧，在下方时间块的 x 轴选项里输入 –210 的数值；移动到 200 帧，在下方时间块的 x 轴选项里输入 166 的数值。这样就制作了四个平面的位移

3D DYNAMIC TEXT MAKING
三维动态文字制作 2

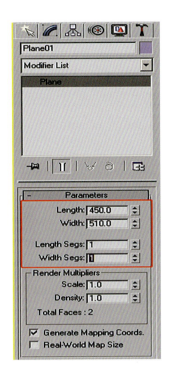

图 83 设置参数

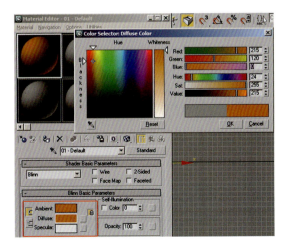

图 84 添加材质

动画，效果如图 82 所示。

最后我们制作第五个平面物体位移动画。同样将时间滑块调整到第 0 帧，选择 Plane04 物体，按住 Shift 键，沿 x 轴向右移动并复制出 Plane05 物体，效果如图 83 所示。

下面制作完成 Plane05 物体的位移动画，保持激活关键点锁定按钮，单击下一关键点按钮，这时时间滑块移动到 20 帧，在下方时间块的 x 轴选项里输入 140 的数值。同样的方法，分别移动到 40 帧，在下方时间块的 x 轴选项里输入 135 的数值，移动到 60 帧，在下方时间块中的 x 轴选项里输入 –93 的数值；移动到 80 帧，在下方时间块的 x 轴选项里输入 –105 的数值；移动到 100 帧，在下方时间块的 x 轴选项里输入 –255 的数值；移动到 140 帧，在下方时间块的 x 轴选项里输入 –198 的数值；移动到 180 帧，在下方时间块的 x 轴选项里输入 –50 的数值；移动到 200 帧，在下方时间块的 x 轴选项里输入 –220 的数值。这样制作完成所有平面的位移动画，效果如图 84 所示。

47

TV COLUMN PACKAGING
影视栏目包装

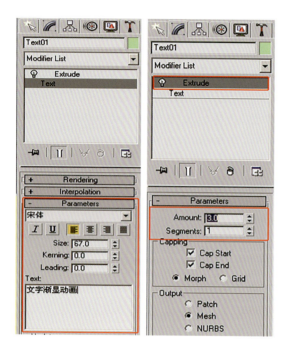

图 85 文字设置调整　　图 86 修改 Extrude 参数

我们单击创建 Shapes 按钮，单击 Text 项，输入文字，文字的具体设置如图 85 所示。

单击修改器列表里的 Extrude 项，设置其中的 Amount 项为 3，这时文字变得立体，如图 86 所示。

单击键盘的 M 键，选择一个材质球，单击 Diffuse 色块，设置 RGB 数值均为 255。在 Shade Basic Parameters 展卷栏里，勾选 2-Sides 选项，单击 Opacity 右侧的空白按钮，选择 Bitmap 选项，在弹出的 Select Bitmap Image File 对话框中，选择之前保存的平面位移动画的 TGA 序列图片的第一张，并勾选 Sequence 项，单击打开，设置其中的 Start Frame 为 0、End Frame 为 200，单击 OK 完成；单击赋予选定对象材质按钮，将此材质赋予文字。指定序列图片为不透明通道的贴图，如图 87 所示。

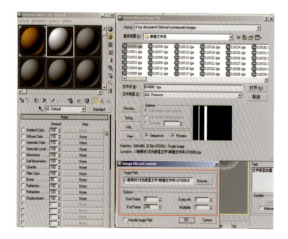

图 87 材质赋予参数调整

最后，我们可以输出完整的动画效果，单击 Front 视图，打开 Render Scene 选项，选择 Active Segment：0 to 200 项；打开 Render Output Files 对话框，指定输出路径，设置文件名，然后选择文件格式为 AVI，单击保存按钮，在打开的 Avi File Compression Setup 对话框里单击 OK 按钮；返回到渲染场景对话框，单击 Render 渲染按钮，即可进行动画视频文件的输出，渲染效果如图 88 所示。

3D DYNAMIC TEXT MAKING
三维动态文字制作 2

图88 最终渲染效果

案例总结：本案例使用3ds Max软件制作闪光渐显文字的效果，制作的重点在于如何设定关键帧时间，以及如何使用Curve Editor工具设置运动轨迹以达到合适的效果。

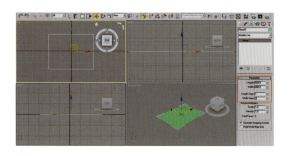

图89 新建并设置参数

六 卷展运动文字

制作思路：

1. 使用变形工具

2. 材质贴图的替换

3. 动画时间设置

首先我们打开 3ds Max 软件，激活 Top 视图。单击 Create/Geometry/Plane，在视图里创建一平面。单击修改按钮，进入修改命令面板，在 Parametres 展卷栏下，设置 Length 为 600、Width 为 800，Length Segs 和 Width Segs 均为 1。单击键盘的 Z 键，最大化显示平面物体，如图 89 所示。

单击键盘的 M 键，打开 Material Editor 对话框，选择一个材质球，在 Blinn 材质下，设置 Diffuse 颜色为 R=230、G=170、B=86。展开 Maps 中的展卷栏，为 Diffuse Color 项添加一张 "宣纸" 的位图文件，并设置其 Amount 数值为 80。选择平面物体，单击将材质赋予选定对象按钮，如图 90 所示。

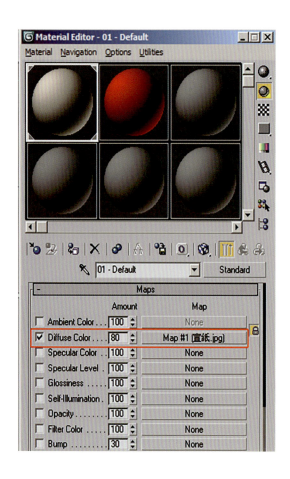

图90 材质赋予参数调整

3D DYNAMIC TEXT MAKING
三维动态文字制作 2

接着我们单击 Create 按钮，选择 Shape 命令下的 Text，在 Parametres 展卷栏下选择字体为楷体，设置文字大小为 80，输入文字"展卷文字动画"，在 Top 视图单击创建文字 Text01，如图 91 所示。

单击进入修改命令列表，为文字添加 Extrude 修改器，设置 Amount 为 3，如图 92 所示。

接着在修改器列表中为文字添加一个 Bevel，设置 Level 1 的 Height 为 2，设置 Level 2 Height 1，Outline 为 –1。注意将 Cap Type 选为 Grid，这样会产生大量的表面精细划分，以便于卷曲时保持圆滑，如图 93 所示。

图 91 调整文字参数

图 92 添加 Extrude

图 93 调整参数

TV COLUMN PACKAGING
影视栏目包装

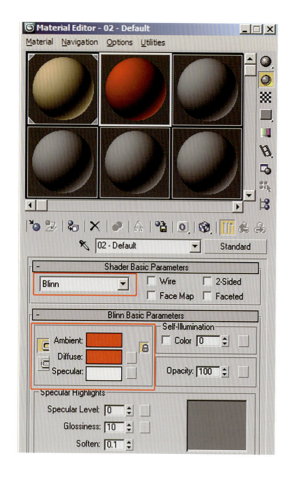

图 94 调整材质信息

我们单击键盘的 M 键，打开材质编辑器对话框，选择新的材质球，在 Blinn 材质下的 Diffuse 颜色为 R=230、G=0、B=0。选择文字并单击将材质赋予指定对象按钮，将此材质赋予文字。使用移动工具，调整文字到位置合适为止，如图 94 所示。

接着制作卷展动画，单击时间配置按钮，设置 Frame Rate 为 Pal，设置 Animation 下的 End Time 为 200，单击 OK 按钮，动画时间长度设置为 200 帧，如图 95 所示。

单击修改器列表展卷栏，为 Text01 文本添加 Bend 修改器，在 Parameters 展卷栏下，设置 Angle 为 –600，指定 Bend Axis 为 x 轴；勾选 Limits 下的 Limits Effects 项，设置 Upper Limit 为 1000，如图 96 所示。

单击 Autokey 按钮，激活自动关键帧命令，在时间滑块的第 0 帧，进入 Bend 的 Center 次物体级别，使用移动工具，沿 x 轴向左移动到平面物体的外侧，如图 97 所示。

3D DYNAMIC TEXT MAKING
三维动态文字制作 2

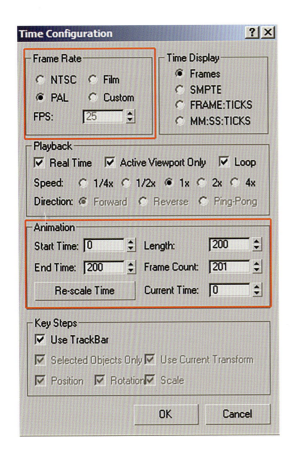

图 95 设置动画参数

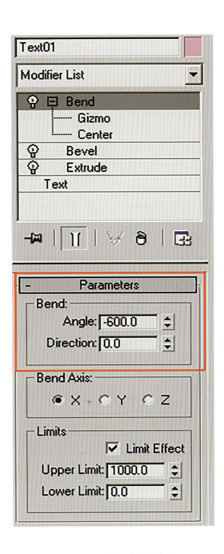

图 96 添加 Bend 修改器并修改参数

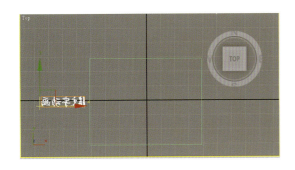

图 97 激活自动关键帧命令

TV COLUMN PACKAGING
影视栏目包装

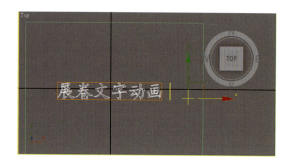

拖动时间滑块到 150 帧，沿 x 轴向下移动 Center，直到文字完全展开为止；单击 Autokey 按钮，取消自动关键帧命令，如图 98 所示。

移动时间滑块到 90 帧，单击键盘的 F9 键，透视图进行快速渲染，渲染效果如图 99 所示。最后设置动画文件输出格式以及保存路径，单击渲染进行动画输出。

图 98 取消自动关键帧命令

案例总结：本案例演示了如何制作文字卷曲特效，关键步骤在于如何使用多种修改器对文字图形进行编辑，如何选取合适的图片作为贴图以增强案例的展示效果。

图 99 对透视图进行渲染

3D DYNAMIC TEXT MAKING
三维动态文字制作 2

七 霓虹灯文字

制作思路：

1. 图形工具的使用

2. 对场景添加事件工具

3. 文字光效效果的调节

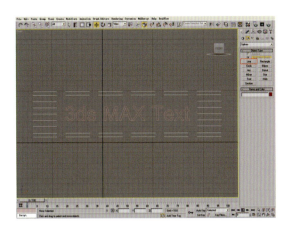

图 100 建立文字和图形

首先单击进入创建面板下的图形按钮，使用 Text 和 Line 工具建立如图 100 所示这样的文字和图形。

接着全选这些文字和图形，点鼠标右键，打开属性面版，如图 101 所示。

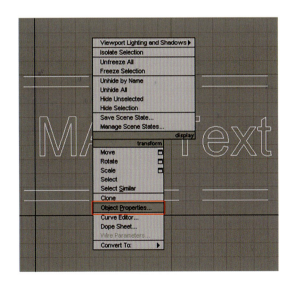

图 101 属性面板

TV COLUMN PACKAGING
影视栏目包装

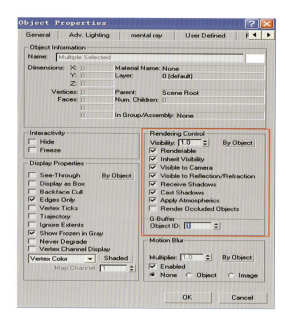

图 102 设置 ID 号

选择要编辑的物体，设置 ID 号。可以全选，也可选其中一部分，如图 102 所示。

对这些线段图形进行渲染设置，勾选 Rendering 菜单的 Enable In Render 选项，这样这些图形线段可以被最终渲染，如图 103 所示。

接着鼠标单击渲染菜单打开 Video Post 工具，如图 104 所示。

点击添加场景事件选项，选择 Perspective 场景，如图 105 所示。

单击 Add Image Filter Event 事件，这里选择 lens Effects Glow 效果，如图 106 所示。

双击列表里的 Lens Effects Glow 效果图标，打开编辑过滤事件菜单，鼠标单击 Setup 项，如图 107 所示。

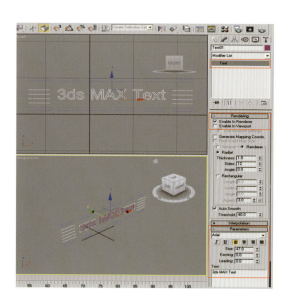

图 103 进行渲染设置

3D DYNAMIC TEXT MAKING
三维动态文字制作 2

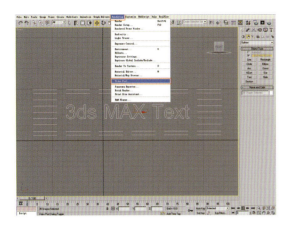

图 104 打开 Video Post 工具

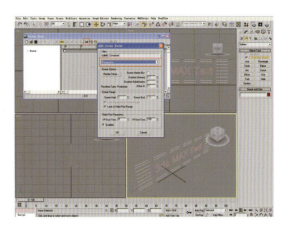

图 105 选择 Perspective 场景

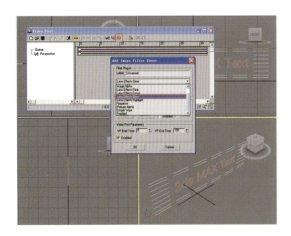

图 106 选择 Lends Effects Glow 效果

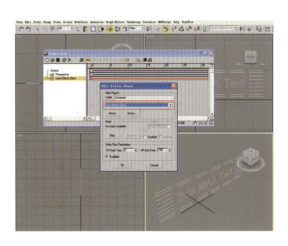

图 107 编辑过滤事件菜单

57

TV COLUMN PACKAGING
影视栏目包装

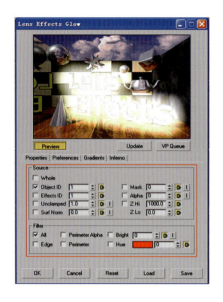

图 108　单击 Preview

这时软件会打开如图 108 所示的画面，勾选下面 Object Id 为 1，然后单击 Preview。

然后可以看到如图 109 所示的对话框，鼠标单击 Preferences 项，在首选项中调节相应数值，然后单击确定。

以上这些都确认后，我们可以渲染输出最终的霓虹灯效果。单击 Execute Video Post 的选项，在 Time Output 里选择 Single，Output Size 选项使用软件默认设置即可，接着勾选 Keep Progress Dialog 选项。最后如图 110 所示单击 Render 选项，渲染效果参考如图 111 所示。

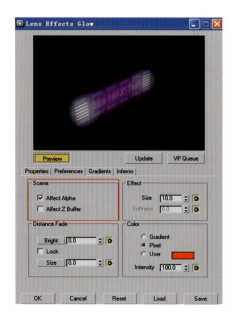

图 109　对透视图进行渲染

3D DYNAMIC TEXT MAKING
三维动态文字制作 2

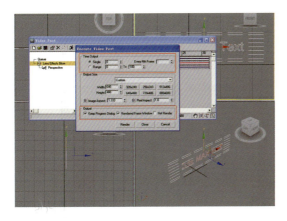

图 110 修改设置

案例总结：本案例演示了如何使用 3ds Max 软件的图形工具建立文字和样条线模型，关键步骤是使用 Video Post 工具为模型添加特效事件控制器，调节颜色贴图已经光晕发散的效果。

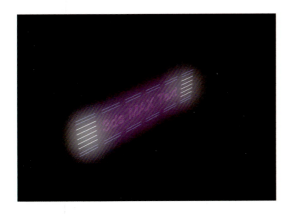

图 111 案例最终图

课后练习

1. 3ds Max 软件常用粒子发射器的种类？

2. 如何修改粒子物体的形态？

3. 如何调整动画效果？

TV COLUMN PACKAGING
影视栏目包装

八 案例赏析

图 112 使用飞散特效制作的片头 Logo 文字

3D DYNAMIC TEXT MAKING
三维动态文字制作 2

图 113 使用波浪文字特效制作的片头 Logo 文字

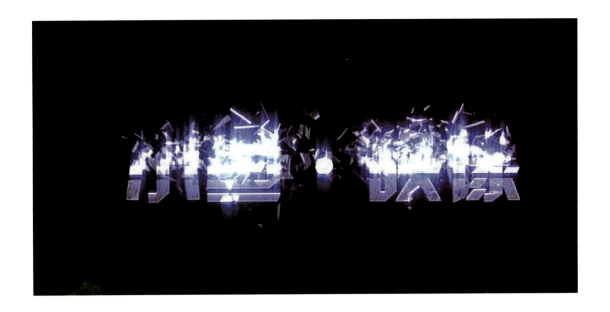

图 114 使用爆炸特效制作的片头 Logo 文字

TV COLUMN PACKAGING
影视栏目包装

图 115　使用文字画过特效制作的人影视作品 Syndicate Trailer 的片头字幕

3D DYNAMIC TEXT MAKING
三维动态文字制作 2

图 116　影视剧立体片头文字

第三章

THREE DIMENSIONAL FILM AND TELEVISION ANIMATION EFFECTS PRODUCTION

三维影视动画特效制作

TV COLUMN PACKAGING
影视栏目包装

学习目标：学会使用 3ds Max 软件制作常用三维影视动画场景特效。

学习重点：掌握 3ds Max 软件材质贴图修改器工具的使用方法、多种粒子特效工具的使用方法。

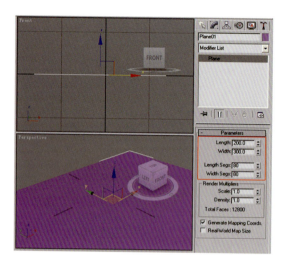

图 1 建立 Plane 平面

一 雪景特效制作

制作思路：

1. 使用 Displace 修改器改变模型

2. Noise 贴图的设置

3. Mask 贴图的设置

首先单击创建几何体按钮，在其下拉列表里选择建立一个 Plane，参数如图 1 所示。

接着单击修改器命令，在其展卷栏里给此平面添加 Displace 修改器，如图 2 所示。

单击键盘 M 键，打开材质编辑器，在置换通道里赋予一个 Mask 贴图，如图 3 所示。

接着在遮罩面板的贴图通道里赋予 Noise 贴图，效果如图 4 所示。

图 2 Displace 修改器

THREE DIMENSIONAL FILM AND TELEVISION ANIMATION EFFECTS PRODUCTION
三维影视动画特效制作

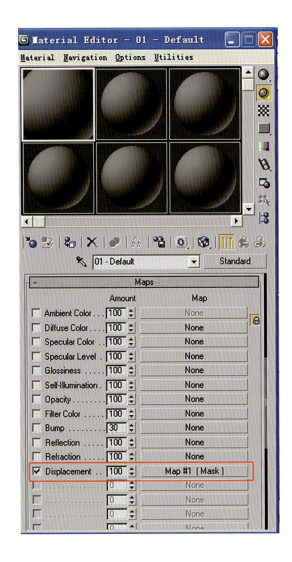

图 3 赋予一个 Mask 贴图

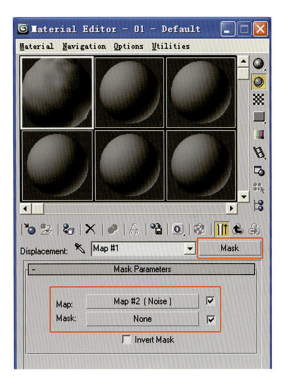

图 4 赋予 Noise 贴图

TV COLUMN PACKAGING
影视栏目包装

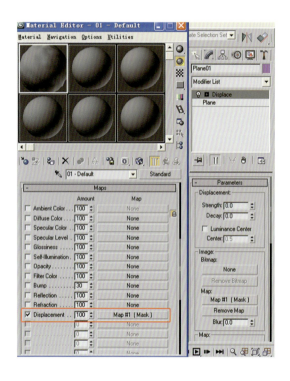

图 5 关联复制

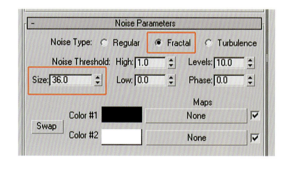

图 6 修改数值

然后回到材质编辑器，把此 Mask 贴图拉入修改面板 Displace 修改器的 Map 通道里，并使用关联复制，如图 5 所示。

调节 Mask 贴图的 Noise 参数，展开 Noise Parameters 展卷栏进行参数设置，具体数值参考如图 6 所示。

调整 Displace 修改器参数，直到效果满意为止，具体数值参考如图 7 所示。

然后回到材质编辑器，在刚才 Mask 贴图里添加 Mask 贴图，如图 8 所示。

接着单击 Mask 贴图，进入如图 9 所示的通道选项。

在 Map 贴图通道再赋予一个 Noise 贴图，如图 10 所示。

这样场景就制作完成，回到 Maps 展卷栏，在 Diffuse 选项加入一个山的贴图，选择平面物体，单击材质编辑器中的赋予指定对象材质按钮，将此材质赋予平面，按键盘的 F9 键快速渲染，效果如图 11 所示。

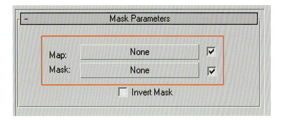

图 9 点击通道选项

图 7 修改参数

图 10 赋予 Noise 贴图

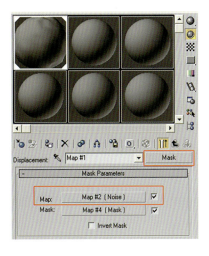

图 8 添加 Mask 贴图

图 11 渲染图

TV COLUMN PACKAGING
影视栏目包装

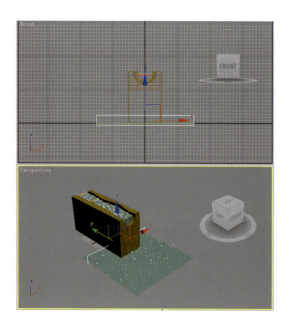

图 12　添加 Top/Bottom 材质类型

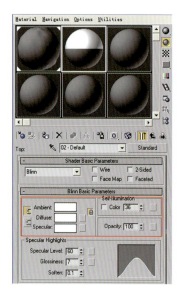

图 13　调整参数

接着制作雪景效果，复制一个山体平面物体，打开材质编辑器选项，选择一个新的材质球，单击添加 Top/Bottom 材质类型，单击 OK 完成，如图 12 所示。

单击 Top Material 选项的长条按钮，进入材质修改面板，对其进行参数调整，数值参考如图 13 所示。

单击打开 Maps 贴图展卷栏，在 Bump 通道添加一个 Mask 贴图，如图 14 所示。

在此 Mask 贴图的 Map 通道里加入 Cellular 贴图，Mask 通道里加入 Noise 贴图，如图 15 所示。

单击返回到 Top/Bottom 级别，调节 Blend 和 Position 的参数，分别调整混合效果以及位置的变化，具体参数如图 16 所示。

调整完毕，雪景就制作完成，选择复制的山体平面物体，单击材质编辑器的赋予指定对象材质按钮，将此材质赋予平面，按键盘的 F9 键快速渲染，最终效果如图 17 所示。

案例总结：本案例关键步骤是使用 Noise 和 Mask 材质特效，通过调整达到预期效果。

THREE DIMENSIONAL FILM AND TELEVISION ANIMATION EFFECTS PRODUCTION

三维影视动画特效制作

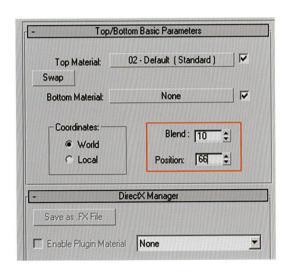

图 14　添加 Mask 贴图

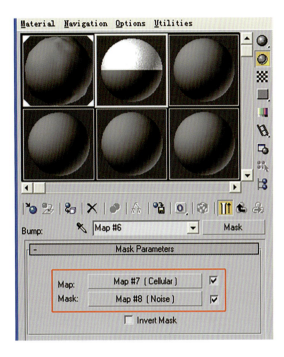

图 15　Mask 通道里加入 Noise 贴图

图 16　修改参数

图 17　最终效果图

TV COLUMN PACKAGING
影视栏目包装

图 18 新建喷射 Spry01

二 雨水特效制作

制作思路：

1. 使用喷射粒子工具

2. 自发光材质的设置

3. 建立运动模糊

进入创建命令面板，选择创建几何体，在下拉列表框中选择"粒子系统"进入创建粒子系统面板，单击 Spary 喷射工具，在视图区中新建喷射 Spry01，如图 18 所示。

选择 Spry01，进入修改命令面板，修改喷射参数，视窗粒子数为 80000；渲染粒子数为 80000；水滴大小为 1，速度为 80；时间选择开始为 –50，寿命 400；发散器宽度为 760，长度为 360，如图 19 所示。

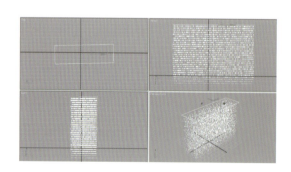

图 19 设置参数

THREE DIMENSIONAL FILM AND TELEVISION ANIMATION EFFECTS PRODUCTION 3
三维影视动画特效制作

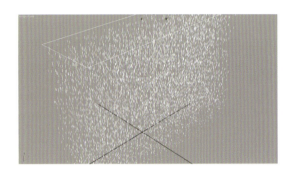

图20 设置角度和位置

单击 Perspective 视图，使用移动工具调整喷射位置和角度，使雨的感觉更真实明显，如图 20 所示。

按键盘的 M 键，打开 Material editor，选择一个空白材质球。设置 Diffuse 颜色参数以及自发光颜色，再单击赋予材质按钮，如图 21 所示。

选择 Spry01 喷射器，单击鼠标右键，在弹出的列表中选择 Property 进入其属性面板，修改参数，如图 22 所示。

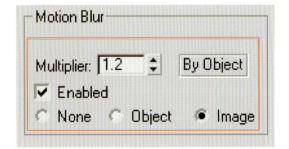

图21 赋予材质按钮

图22 修改参数

73

TV COLUMN PACKAGING
影视栏目包装

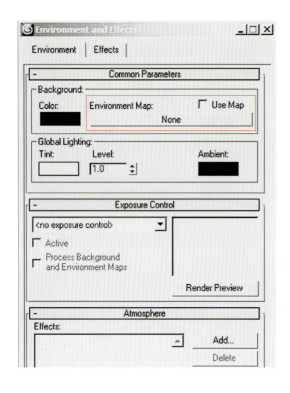

图 23　修改参数

选择菜单命令 Render 下拉菜单 Environment 命令，打开其属性面板，单击 Background 栏中 None 按钮打开 Material/Map Browser 面板，在右边的列表中双击 Bitmap 贴图选项，选择一张背景图。具体操作如图 23 所示。

最后等待输出动画。如图 24 所示为其中一帧的渲染效果。

案例总结：本案例演示了如何使用基本的 Spary 粒子发射工具，学习重点是掌握对粒子附加自发光材质的方法，以及运动模糊的设置方法。

图 24　效果渲染图

THREE DIMENSIONAL FILM AND TELEVISION
ANIMATION EFFECTS PRODUCTION
三维影视动画特效制作

三 落叶特效制作

制作思路：

1. 透明贴图的制作

2. Blizzard 粒子发射器的设置

3. 设置导向板

4. 风力的加入

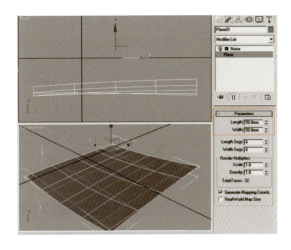

图 25　创建平面

首先在视图创建一个 Plane，参数设置如图 25 所示。

单击修改列表，为此平面添加 Noise 噪波修改器，参数设置如图 26 所示。

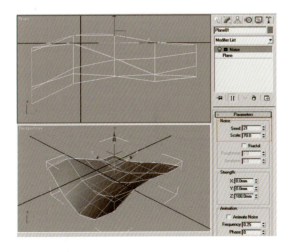

图 26　添加 Noise 噪波修改器

TV COLUMN PACKAGING
影视栏目包装

图 27　找到 Bitmap 位图

按键盘的 M 键，打开材质编辑器，单击一个材质球，打开 Opacity 不透明度，找到 Bitmap 位图选项，选择树叶图片，如图 27 所示。

退回上一层级，选择 Diffuse 选项，找到 Bitmap 位图选项，选择另一树叶图片，如图 28 所示。

选中平面物体，单击赋予材质于选项按钮把材质赋予平面，单击显示按钮，如图 29 所示。

单击键盘的 F9 键，进行快速渲染。渲染出的树叶背景是透明的，如图 30 所示。

单击创建按钮，单击倒三角按钮找到粒子系统选项，单击 Blizzard 暴风雪效果选项，如图 31 所示。

对粒子进行修改，使其 100% 实体显示，并调整发射数量 Use Total 为 30，如图 32 所示。

设置粒子在 100 帧结束，粒子活力 100，衰减时间为 0，如图 33 所示。

图 28　选择 Diffuse 选项

76

THREE DIMENSIONAL FILM AND TELEVISION ANIMATION EFFECTS PRODUCTION
三维影视动画特效制作 3

图 29 赋予材质

图 30 快速渲染

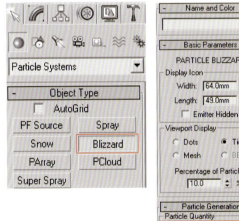

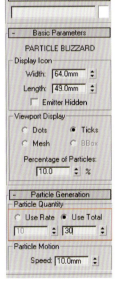

图 31 选择粒子系统　　图 32 修改参数　　图 33 修改参数

77

TV COLUMN PACKAGING
影视栏目包装

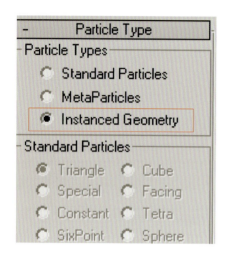

图 34　指定树叶为发射物体

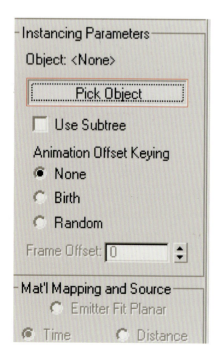

图 35　选取树叶模型

接着指定树叶为发射物体，如图 34 所示。

然后单击 Pick Object 拾取物体按钮，选中树叶模型，如图 35 所示。

再次按键盘 F9 键，查看效果。这时尚未出现树叶效果，如图 36 所示。

单击 Get Material From 拾取材质按钮，如图 37 所示。

再次按键盘 F9 键，查看渲染效果。这时出现了树叶效果，如图 38 所示。

在顶视图中建立 Plane2，参数设置如图 39 所示。

单击创建面板的 Space Warps 空间扭曲按钮，在下拉扩展栏里单击 Deflectors 导向板命令，如图 40 所示。

THREE DIMENSIONAL FILM AND TELEVISION ANIMATION EFFECTS PRODUCTION 3
三维影视动画特效制作

图 37 拾取材质

图 36 效果图

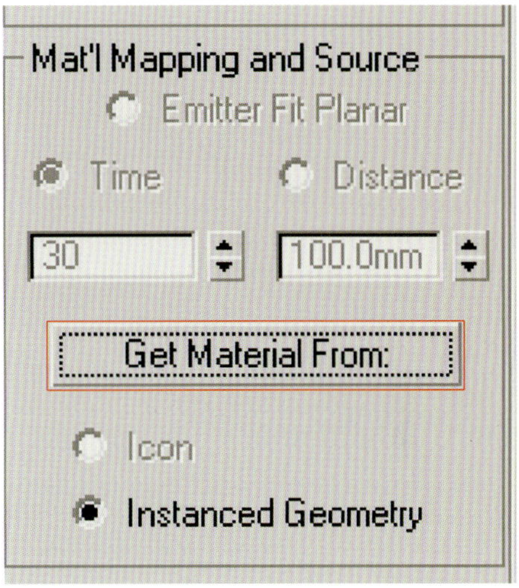

图 38 效果图

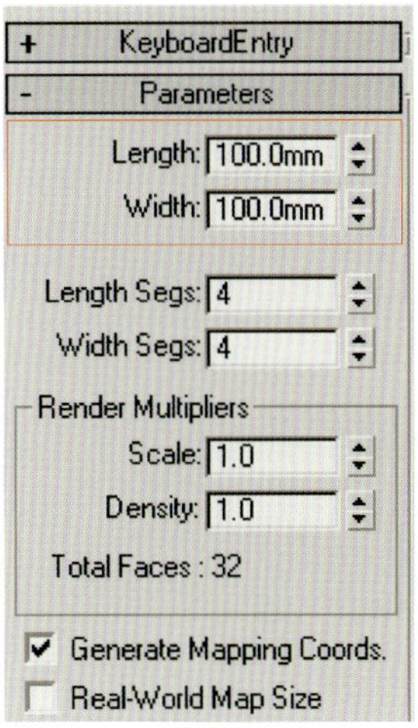

图 39 设置参数 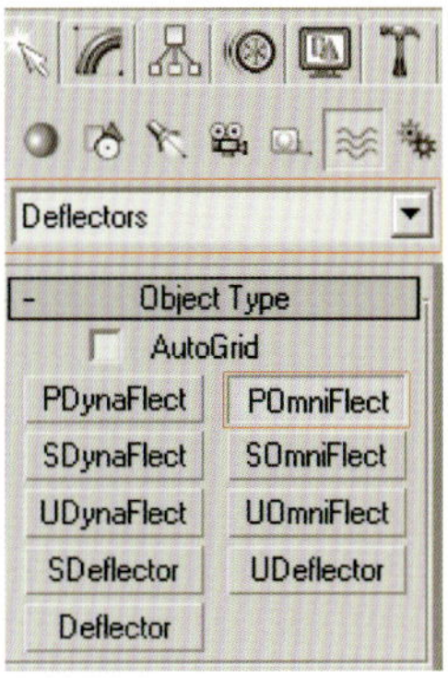　　图 40 单击导向板

79

TV COLUMN PACKAGING
影视栏目包装

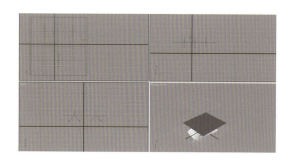

图 41　加入导向板命令

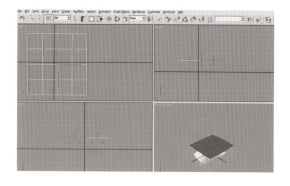

图 42　将粒子与导向板连接在一起

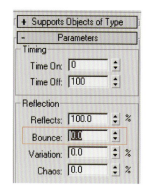

图 43　设置导向板的反弹力为 0

加入的导向板应和 Plane2 一样大，但要略高于 Plane2，如图 41 所示。

选择导向板，然后单击连接工具，鼠标单击连到粒子物体，则把粒子和导向板连接在一起，如图 42 所示。

设置导向板的反弹力为 0，如图 43 所示。

单击创建面板的 Space Warps 空间扭曲按钮，在下拉扩展栏里单击 Forces 力度命令，选择 Wind 风力选项，如图 44 所示。

加入风力后，通过移动和选择工具调节风力的方向，位置参考如图 45 所示。

复制多个粒子，以上述同样方法做树叶，再拾取材质就可以。拖动动画区中的时间滑块，可以完整地观看叶飘落的效果。移动时间滑块到最后帧，置入一张背景图片，单击 F9 渲染，如图 46 为渲染效果。

案例总结：本案例演示了如何使用简单的模型配合复杂的透明贴图方式得到树叶模型，关键步骤是如何设置 Blizzard 粒子工具，以及置入背景图片来烘托落叶的场景效果。

THREE DIMENSIONAL FILM AND TELEVISION ANIMATION EFFECTS PRODUCTION
三维影视动画特效制作

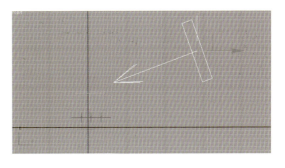

图 45　调节风力的方向

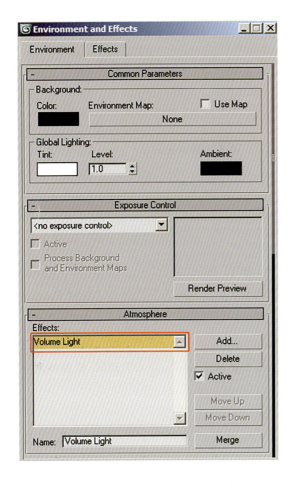

图 44　选择 Wind 风力选项

图 46　渲染效果图

81

四 烟火特效制作

制作思路：

1. 使用 Spray 粒子工具

2. 环境特效的设置

3. 灯光的建立

单击进入到"Create/Geometry"子命令面板，在其下方的下拉列表中选择 Particle Systems 粒子系统，单击 Spray 按钮。在透视视图拖动建立此粒子系统，加入风力后，通过移动和选择工具调节风力的方向，位置参考如图 47 所示。

接着再次单击 Create 命令面板，单击 Lights 按钮，从中选择 Omni，在 Top 视图的中间区域放置一盏泛光灯，如图 48 所示。

选择此 Omni 灯光，单击进入到 Modify 命令面板。展开 Intensity/Color/Attenuation 卷展栏，设置 Multiplier 参数值为 3.0，并将灯光颜色设置为黄色。在 Far Attenuation 栏中，设置 Start 参数值为 2，End 参数值为 8，如图 49 所示。

图 47　调节风力

图 49　设置参数

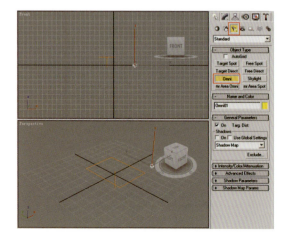

图 48　建立一盏泛光灯

THREE DIMENSIONAL FILM AND TELEVISION ANIMATION EFFECTS PRODUCTION 3
三维影视动画特效制作

单击键盘的数字 8 键，打开环境对话框。展开 Common Parameters 卷展栏，在 Atmosphere 栏中单击 Add 按钮，在弹出的对话框中选择 Volume Light 特效，如图 50 所示。

接着在控制面板中出现 Volume Light Parameters 卷展栏，在 Lights 栏中单击 Pick Light 按钮，单击刚才的 Omni 灯光；在 Volume 栏中，勾选中 Exponential 选项和 Use Attenuation 选项，并设置 Density 参数值为 60；Atten Mult 参数值为 6。在 Filter Shadows 选项中选择 Low。在 Noise 栏中，设置 Amount 参数值为 0.3，并勾选中 Link To Light 选项，如图 51 所示。

图 50 选择 Volume Light 特效

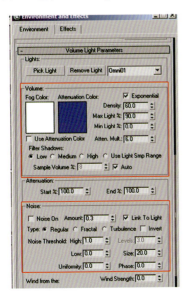

图 51 调节参数

83

TV COLUMN PACKAGING
影视栏目包装

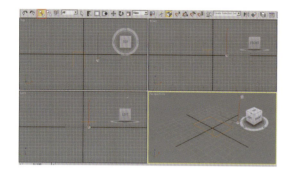

图 52　灯光与粒子系统连接起来

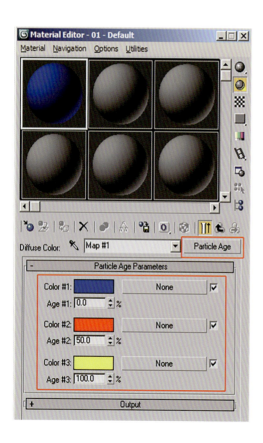

图 53　调节参数

我们要把泛光灯与粒子系统连接起来。选中泛光灯，单击主工具栏中 Select And Link 按钮，选择粒子系统，使 Spray 在移动时泛光灯也随之移动，如图 52 所示。

接着单击键盘的 M 键，打开材质编辑器，要给这个粒子系统贴图。展开 Maps 卷展栏，勾选中 Diffuse，并单击其右侧的 None 按钮，在弹出的 Material/Map Browser 对话框中双击 Particle Age 类型。在出现的 Particle Age Parameters 卷展栏中，创立粒子在不同时期的颜色值。单击 Color #1 后面的颜色块，设置颜色为蓝色，设置 Color #2 的颜色为红色，Color #3 的颜色为黄色。接着设置 Output Amount 参数值为 4.0，如图 53 所示。

单击工具栏中的 Go To Parent 按钮，在 Blinn Basic Parameters 卷展栏中，单击 Opacity 后面的按钮，在对话框中选择 Particle Mblur 类型并返回。在出现的 Particle Motion Blur Parameters 卷展栏，将 Color #1 和 Color #2 的颜色为分别设置橙色和绿色，这里可以选择鲜艳的颜色使烟火的颜色更逼真。最后单击工具栏中的 Assign Material To Selection 按钮，将材质赋予粒子系统，效果参考如图 54 所示。

THREE DIMENSIONAL FILM AND TELEVISION ANIMATION EFFECTS PRODUCTION 3
三维影视动画特效制作

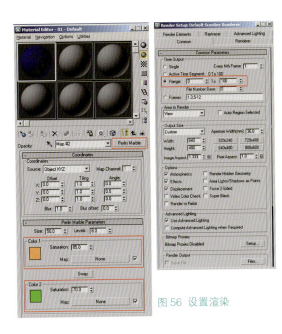

图54 将材质赋予粒子系统

单击时间栏里的 Auto Key 按钮，打开动画记录，在第 1 帧处将粒子系统拖动到下方，在第 100 帧处将粒子系统拖动到上方。按键盘的 F9 键快速渲染，效果如图 55 所示。

最后渲染输出动画。在渲染中打开环境对话框，勾选中 Use Map 选项，打开材质贴图浏览器，双击 Bitmap 类型，在弹出的对话框中找到一个夜空景色的图片文件作为背景。选择菜单栏中 Rendering/Render 命令，在 Time Output 栏中选择 Range 0 to 100 选项，在 Render Output 栏中单击 Save File 按钮，做好保存。单击主工具栏中的 Quick Render 按钮渲染输出。渲染设置如图 56 所示。

图 56 设置渲染

图55 渲染效果图

案例总结：本案例演示了如何使用简单的 Spray 粒子工具建立主体，关键步骤在于如何设置环境特效，以及如何建立灯光系统，才能烘托场景气氛。

TV COLUMN PACKAGING
影视栏目包装

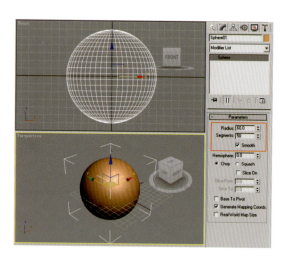

图 57　调整大小

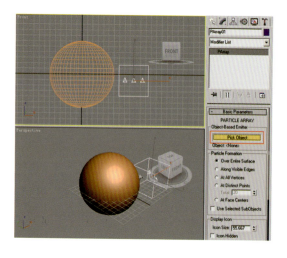

图 58　单击 Pick Object 按钮

五　爆炸特效制作

制作思路：

1. 使用粒子阵列

2. 曲线编辑器设置动画

3. 凹凸贴图的设置

首先建立场景，单击 Create 命令面板，选择 Geometry 按钮，在下拉列表框中选择 Standard Primitives 项下的 Sphere 按钮，在透视视图中绘制一球体 Sphere01，参数可以调整到合适的大小，如图 57 所示。

单击 Geometry 按钮，在下拉列表中选择 Particle Systems 项，单击 PArray 按钮，在前视图中绘制一粒子系统，并单击 Modify 命令面板，打开 Basic Parameters 卷展栏并单击 Pick Object 按钮，如图 58 所示。

点击 Display Icon 栏下的 mesh 项，并确定 Percentage of Particles 为 100%，如图 59 所示。

接着在 Particle Type 卷展栏下，选择 Object Fragments 单选框，接着在 Object Fragments Controls 栏下确定 Thickness 的值

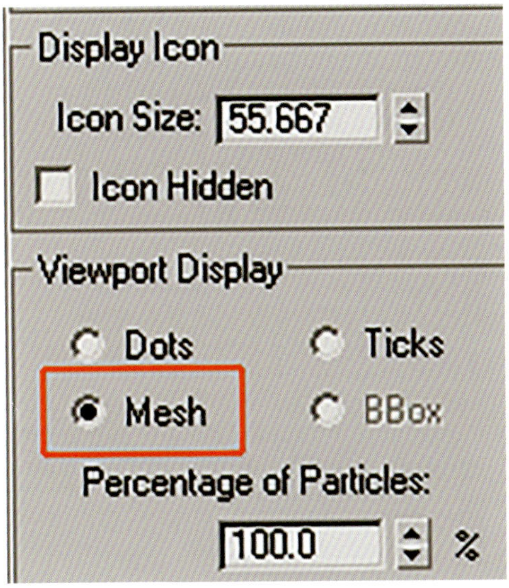

THREE DIMENSIONAL FILM AND TELEVISION ANIMATION EFFECTS PRODUCTION

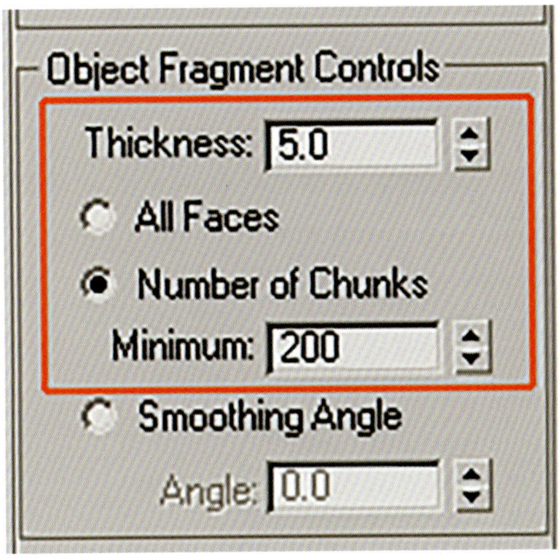

三维影视动画特效制作

为5，Number of Chunks 为200，如图60所示。

我们继续移动下拉菜单，确定材质来源为 Get Material From，并确定 Rotation and Collision 卷展栏下的 Spin Time 为30。具体设置如图61所示。

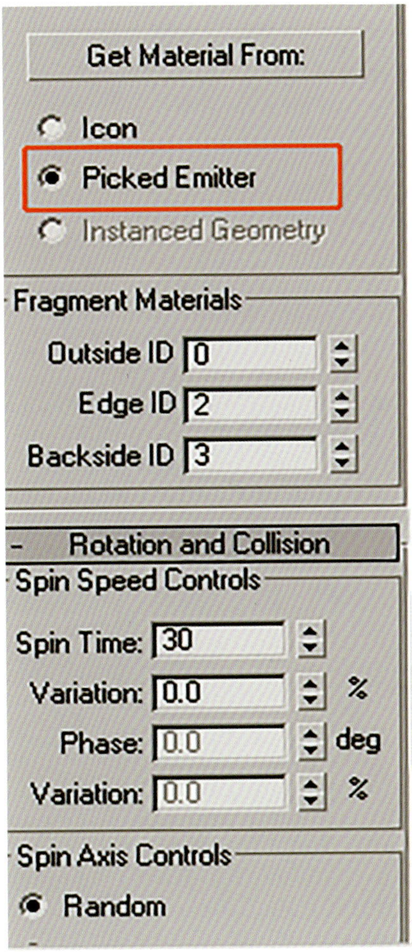

图 59　调节大小

图 60　修改参数

图 61　设置参数

TV COLUMN PACKAGING
影视栏目包装

图 62 效果图

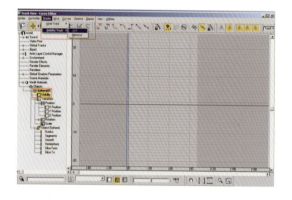

图 63 修改参数

拖动动画时间滑块，可以观看效果，如图 62 所示。

点击工具栏上的 Curve Editor 按钮，打开轨迹视图，确定选择到 Sphere01 上，点击 Tracks 菜单中的 Visibilty Track 的 Add 命令，并通过放大按钮可以看到可见性值为 1，如图 63 所示。

继续点击编辑器工具栏上的 Add Keys 按钮，添加两个关键点，定义在第 5、6 帧上的值分别为 1、0。这个帧值的确定还是因感观而定，太早太晚都不是很真实，保证 Sphere01 在爆炸的瞬间，消失掉实体，如图 64 所示。

最后再选择上这两个点，点击下 Set Tangents To Line 按钮，如图 65 所示。

关闭编辑器，拖动动画滑块，会发现在第 5、6 帧中 Sphere01 消失了，如图 66 所示。

THREE DIMENSIONAL FILM AND TELEVISION ANIMATION EFFECTS PRODUCTION
三维影视动画特效制作

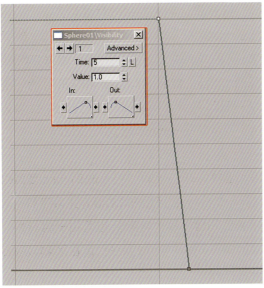

图64 修改参数

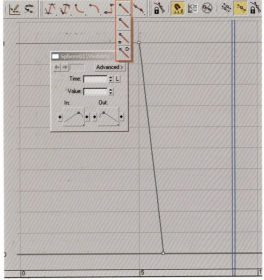

图65 点击下 Set Tangents To Line 按钮

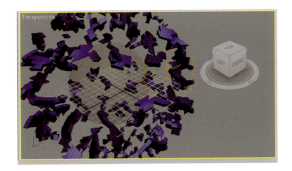

图66 Sphere01 消失

接着我们要为物体添加材质。点击工具栏上的 Material Editor 按钮，打开其面板，选择第一个样球，打开"贴图"卷展栏，单击 Diffuse 后的"None"按钮，双击 Bitmap 贴图，为它指定一图片，同时为 Bump 贴图指定一图片，将第一个材质赋予 Sphere01，如图 67 所示。

选择第二个空白样球，点击 Diffuse 后面的 None 按钮，为它指定一彩色爆炸效果序列图，序列图不同于静止的图片，它是由一组图片构成的动态文件调整它出现的时间在第 4 帧左右，如图 68 所示。

接着单击创建按钮，如图 69 所示的位置，建立一个平面 Plane01。

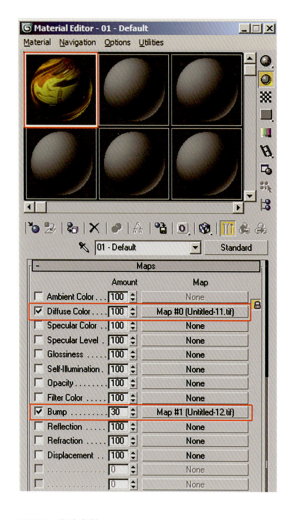

图 67　修改参数

THREE DIMENSIONAL FILM AND TELEVISION ANIMATION EFFECTS PRODUCTION
三维影视动画特效制作

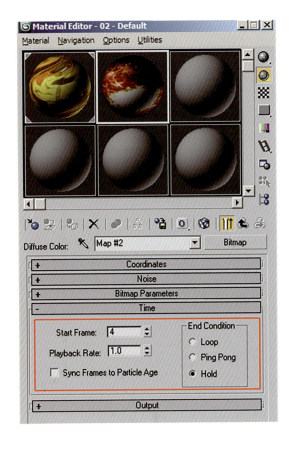

图 68　修改参数

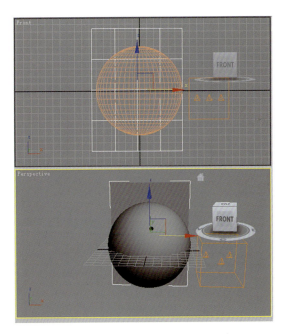

图 69　建立一个平面物体

TV COLUMN PACKAGING
影视栏目包装

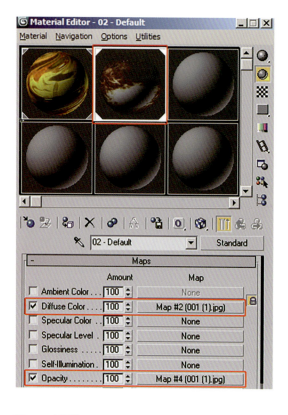

将第二个样球材质赋予平面 Plane01，并在贴图卷展栏中，拖拽该材质到"不透明度"的 None 按钮上，如图 70 所示。

选择其中一帧进行渲染查看效果，得到的效果参考如图 71 所示。

案例总结：本案例演示了如何使用功能较多的粒子阵列工具，关键步骤在于如何使用凹凸材质来体现画面质感，以及如何使用曲线编辑器精准地调节动画的节奏。

图 70　赋予平面 Plane 01

图 71　效果参考图

THREE DIMENSIONAL FILM AND TELEVISION ANIMATION EFFECTS PRODUCTION 3

三维影视动画特效制作

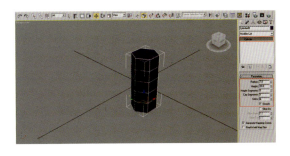

图 72 设置参数

六 碎裂特效制作

制作思路：

1. 使用粒子阵列工具

2. 重力场的建立

首先创建一个圆柱，命名为 Glass。设置 Radius 为 7，Height 为 30，Sides 为 6。移动到视图的适当位置，如图 72 所示。

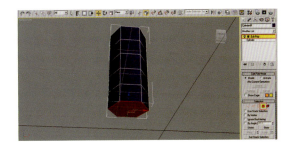

图 73 设置参数

单击修改器列表，为此物体添加一个 Edit Poly 修改器，单击 Polygon 图标，并选择底部的多边形，如图 73 所示。

单击 Bevel Settings 按钮，设置 Height 为 1.8，Outline Amount 为 −1.5，点击确定，如图 74 所示。

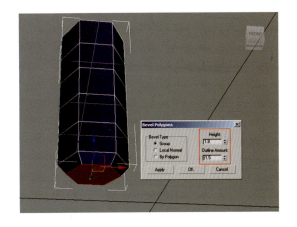

图 74 设置参数

93

TV COLUMN PACKAGING
影视栏目包装

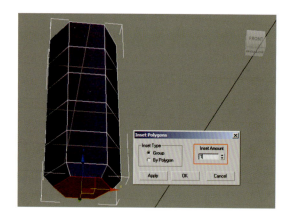

图75 设置参数

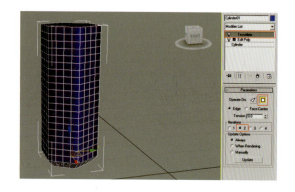

图76 设置参数

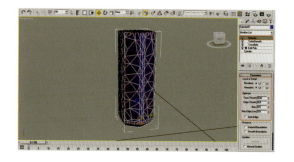

图77 设置参数

再次选择底部的多边形，单击 Inset Settings，并设置 Inset Amount 为 1，按确定，如图 75 所示。

选择顶部多边形并将其删除，单击修改器列表，为物体添加一个 Tessellate 修改器，设置 Operate On 为 Polygons，Tessellate 为 0，Iterations 为 2，如图 76 所示。

继续在修改器列表，为物体添加一个 Turbosmooth 修改器，然后添加一个 Optimize。设置 Face Threshold 为 0.02，Edge Threshold 为 0，Bias 为 0.5。最后，为物体再添加一个 Turbosmooth。这样模型基本完成，效果参考如图如图 77 所示。

THREE DIMENSIONAL FILM AND TELEVISION ANIMATION EFFECTS PRODUCTION

三维影视动画特效制作 3

图 79　创建一个 Pf pray 粒子系统

单击创建按钮，选择 Particle Systems 下的 Parry 选项，在视图中创建一个 Pf pray 粒子系统，如图 78 所示。

接着选择粒子系统，单击修改器列表，单击 Pick Object 按钮，单击选择视图里的圆柱物体，如图 79 所示。

修改粒子的参数，首先 Viewport Display 项选择 Mesh，如图 80 所示。

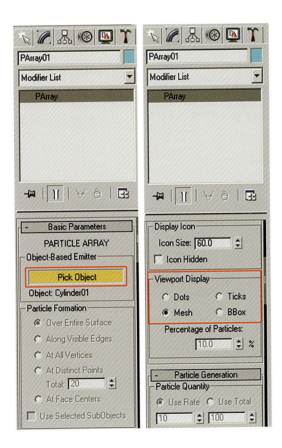

图 80　修改器　　　图 81　修改参数

TV COLUMN PACKAGING
影视栏目包装

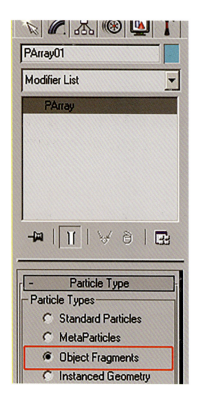

图81 修改参数

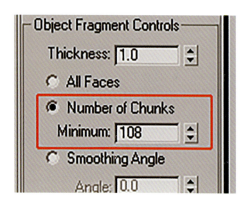

图82 修改参数

接着向下移动参数列表，在 Particle Type 下勾选 Object Fragments 选项，同时选择 Object Fragments Controls 选项下的 Number Of Chunks，设定其 Minimum 数值为108，参考效果如图81、图82所示。

单击创建命令里的 Space Warps 按钮，在视图建立 Gravity，确保箭头方向向下。使用默认设置即可，如图83所示。

选择圆柱物体，单击使用主工具栏里的 Bind To Space Warps 绑定到空间扭曲按钮，直接拖动到 Gravity 图形上，这样即完成绑定操作，如图84所示。

通过不断修改粒子系统参数来达到自己满意的效果，然后可以输出完整的动画。

最后，单击键盘的 F9 键，进行快速渲染，查看效果，如图85所示。

案例总结：本案例演示了如何使用粒子阵列工具制作物体外形碎裂的效果，关键步骤是使用粒子系统绑定重力场。

THREE DIMENSIONAL FILM AND TELEVISION ANIMATION EFFECTS PRODUCTION

三维影视动画特效制作

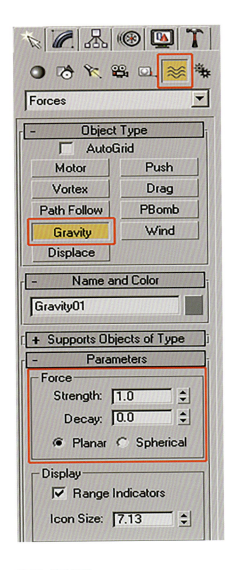

图 83 默认设置

图 84 拖动到 Gravity 图形上

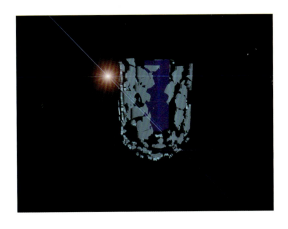

图 85 渲染效果图

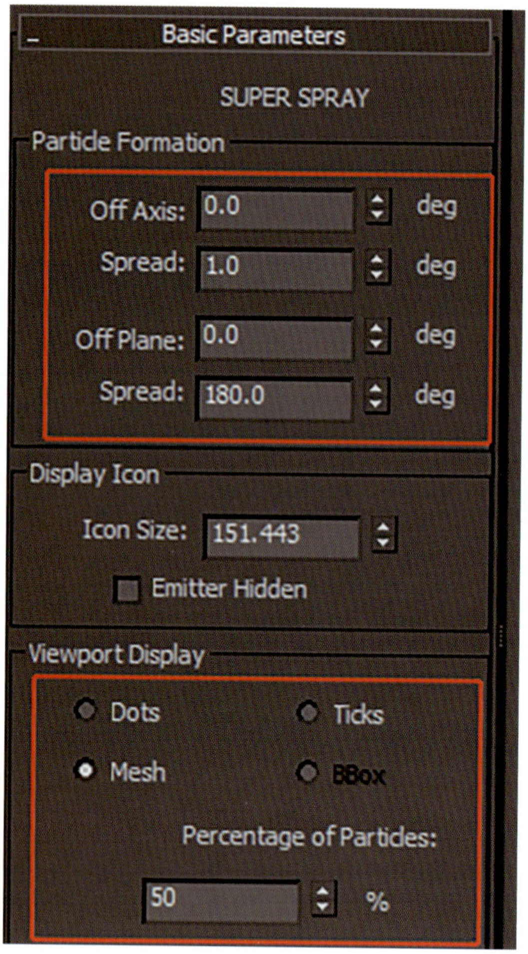

七 烟雾特效制作

制作思路：

1. 创建 Super Spray 工具

2. 建立 Wind 风力

3. 创建渐变过渡材质贴图

单击 Create 命令下的粒子系统，选择 Super Spray 工具，在前视图中创建一个超级喷射粒子系统，如图 86 所示。

接着对其参数进行修改。如图 87 为粒子基本参数设置，如图 88 为粒子生成设置，如图 89 为粒子类型设置，如图 90 为旋转和碰撞设置。

图 86　创建一个超级喷射粒子系统

THREE DIMENSIONAL FILM AND TELEVISION ANIMATION EFFECTS PRODUCTION

三维影视动画特效制作

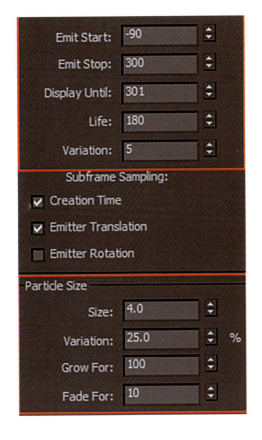

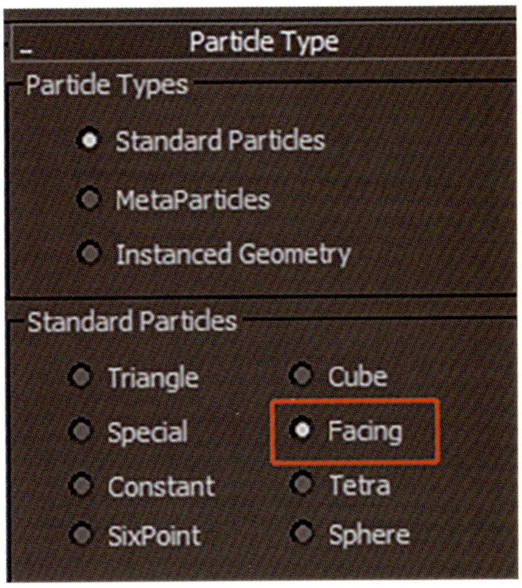

图 88 粒子生成设置

图 87 设置参数

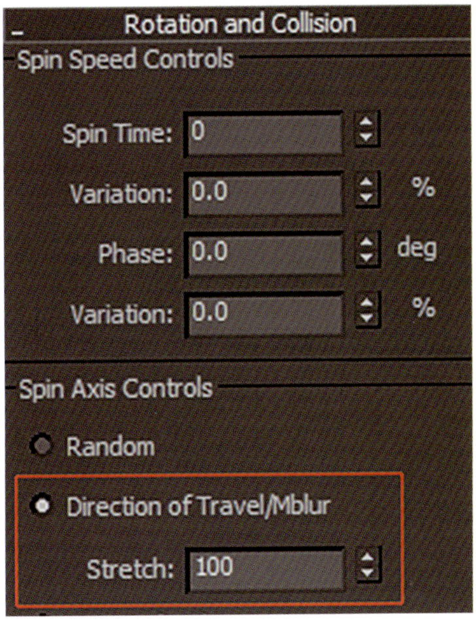

图 90 旋转和碰撞设置

图 89 粒子类型设置

TV COLUMN PACKAGING
影视栏目包装

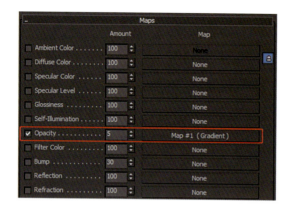

图91 设置颜色为白色

图92 赋予粒子上

以上参数设置好后，按键盘的 M 键打开材质编辑器，选择一个未被使用的样本球，设置其中的 Diffuse 颜色为白色，勾选自发光，如图 91 所示。

接着打开 Maps 卷展栏，点击 Opacity 不透明度选项右侧的 None 按钮，在弹出的对话框中选择 Gradient 渐变选项，再把 Opacity 不透明度的参数改为 5，如图 92 所示。调节好后直接赋予粒子物体上。

为了使烟雾的效果更加真实，还要给粒子系统加入力的影响。我们选择空间扭曲面板下的 Wind 选项，在工作视图加入一个风力，如图 93 所示。对风力的参数进行修改，具体如图 94 所示。

选择粒子系统，点击绑定空间扭曲按钮选择风力，具体操作如图 95 所示。

最后加入适合的背景图片点击渲染，如图 96 所示就是完整的效果。

案例总结：本案例演示了如何使用粒子系统制作烟雾飘动，因为风力参数的变化直接影响整体效果，所以关键步骤在于如何设置粒子发射器和风力的参数。

THREE DIMENSIONAL FILM AND TELEVISION ANIMATION EFFECTS PRODUCTION 3
三维影视动画特效制作

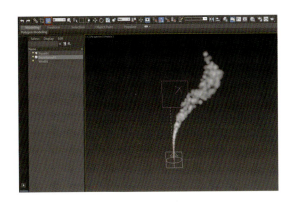

图 93　加入一个风力

图 94　修改参数

图 95　选择风力

图 96　效果渲染图

101

TV COLUMN PACKAGING
影视栏目包装

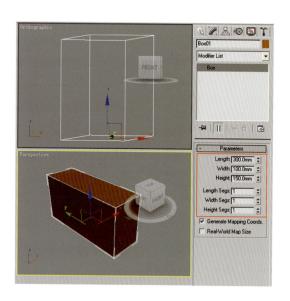

图 97 设置参数

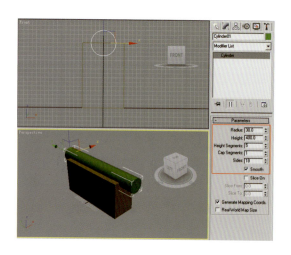

图 98 设置参数

八 水流落爆综合动画特效制作

制作思路：

1. 模型的 Noise 修改器应用

2. 水流材质的设置

3. Snow 粒子发射工具的建立

4. 场景灯光的建立

在 Perspective 视图创建一个 Box，将 Length 设为 300，Width 设为 100，Height 设为 150，坐标可以设定为 X = 0.0。参数如图 97 所示。

在 Front 视图创建一个 Cylinder，将 Radius 设为 30，Height 设为 400。作为以后使用 Boolean 运算中 Box 要减去的物体，具体高度设有特殊要求，只要比 Box 长一点就可以了。根据具体位置不同，本案例坐标可以设定 X = 0.0，Y = 180，Z = 150，如图 98 所示。

THREE DIMENSIONAL FILM AND TELEVISION ANIMATION EFFECTS PRODUCTION
三维影视动画特效制作

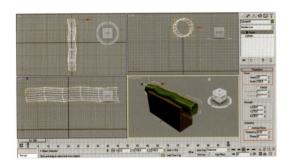

图 99　添加修改器

接着为 Cylinder 添加一个 Noise 修改器，具体参数如图 99 所示。

选择 Box，单机 Create 下的 Geometry 选项，执行 Compound Objects 的 Boolean 命令，单击 Pick Operand B 按钮，然后选择 Cylinder，形成水槽的形状，效果如图 100 所示。

接着需要建立一些平面，在 Top 视图创建第一个 Plane，将 Length 设为 300，Width 设为 90。坐标位置：X = 0.0, Y = 0.0, Z = 143；在 Front 视图创建第二个 Plane，将 Length 设为 40，Width 设为 90。坐标位置：X=0.0, Y=149, Z=123。在 Top 视图创建第三个 Plane，将 Length 设为 275，Width 设为 260。坐标位置：X = 0.0, Y= −200, Z = 0.0。效果如图 101 所示。

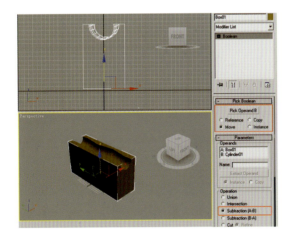

图 100　选择命令

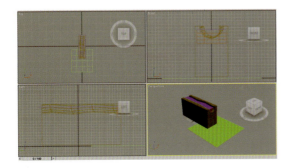

图 101　修改参数

103

TV COLUMN PACKAGING
影视栏目包装

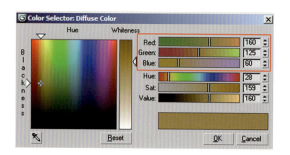

图 102 修改参数

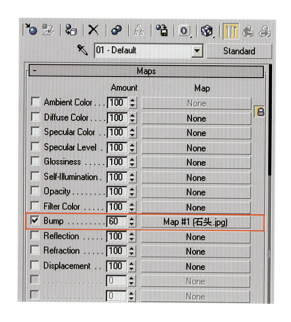

图 103 赋予材质球

要对这些物体添加材质，单击键盘的 M 键打开 Material Editor，选择一个材质球，单击 Blinn Basic Parameters 选项里的 Diffuse Color，设为 R=160、G=125、B=60，如图 102 所示。

然后单击 Maps 选项里的 Bump，为其加入一个贴图，为了使凹凸效果明显，调整数值为 60，选中水槽物体，单击并赋予选择物体材质按钮，如图 103 所示。

接着为平面物体制作水的效果，选择新的材质球，改变颜色参数，Ambient Color 设为（R= 5 G = 118 B = 88）；Diffuse Color 设为（R = 99 G = 160 B = 139）；Filter Color 设为（R = 0 G = 112 B = 70），如图 104 所示。

在 Bump Map 通道中选择 Noise，Bump Amount 为 30%，参数设置如图 105 所示。

在 Reflection 通道中选择 Falloff 贴图，保留默认设置，Reflection Amount 为 40%。选中刚才制作的 3 个 Plane，单击赋予选择物体材质按钮，如图 106 所示。

现在使用粒子系统让水流动起来。在 Front 视图，单击创建命令按钮，选择 Geometry 下的 Particle 选项的 Spray，创建水流的源头（Box

THREE DIMENSIONAL FILM AND TELEVISION ANIMATION EFFECTS PRODUCTION
三维影视动画特效制作 3

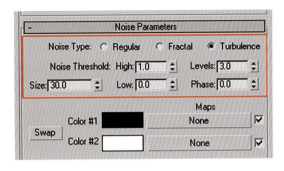

图 104 修改参数

图 105 选择 Noise

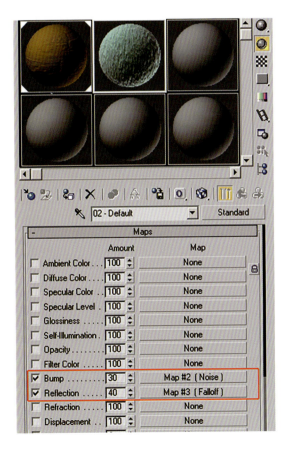

图 106 赋予材质球

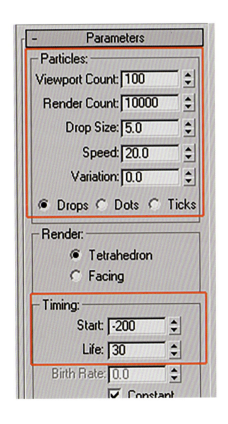

图 107 设置参数

105

TV COLUMN PACKAGING
影视栏目包装

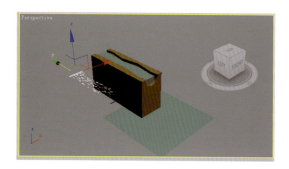

图 108 赋予水材质

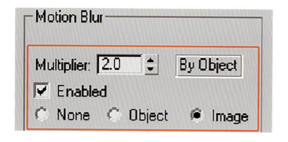

图 109 设置 Motion Blur 参数

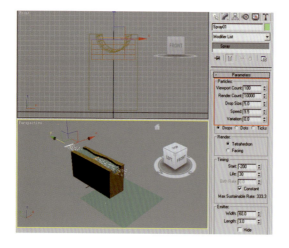

图 110 修改参数

上相对于水流的另一头），设置参数如图 107 所示。

粒子喷射的方向与预期需要的方向相反，所以需要将其沿 Z 轴旋转 180°。保持 Spray 选中，赋予水材质，如图 108 所示。

单击键盘的 F9 键进行快速渲染，显示非常混浊，这是因为还没有为 Spray 添加任何运动效果。右键单击 Spray，选择 Properties，在弹出的新窗口的左下角，如图 109 所示设置 Motion Blur 参数。

通过播放可以观察水流效果。由于粒子喷射不到那么远，瀑布出现的位置不理想。要解决这个问题，可以沿 Y 轴 Shift 拖动 Spray 到 Box 的另一头，在弹出的复制选项窗口中选择 Copy。将其 Speed 减小为 9.5，如图 110 所示。

THREE DIMENSIONAL FILM AND TELEVISION ANIMATION EFFECTS PRODUCTION
三维影视动画特效制作

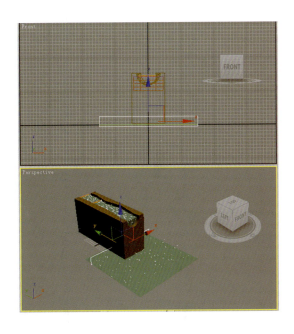

图 111　设置参数

在 Front 视图再创建一个 Spray 用于生成下面那层水流的效果，将 Width 设为 300，Length 设为 3。如果喷射方向与预期相反，则沿 Z 轴旋转 180 度。添加 Motion Blur 效果，参数设置同上。将这个 Spray 的 Render Count 设为 20000，Speed 为 20。移动到适当位置，如图 111 所示。

为了加强流水的效果，选择 Particle 选项下的 Snow，在 Front 视图创建一个雪粒子系统，设置 Length 为 15，Width 为 40。如果喷射方向反了，则将它沿 Z 轴旋转 180 度。同样为其添加 Motion Blur 效果，Multiplier 值为 1.5。移动到水槽开口处，如图 112 所示。

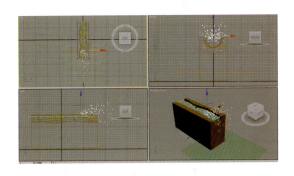

图 112　设置参数

TV COLUMN PACKAGING
影视栏目包装

为了让 Snow 喷射的粒子能够下落，需要添加一个重力系统。单击创建命令的 Space Warps 选项的 Forces 类别下 Gravity 命令，创建在透视图中的任意位置，大小适中，保证箭头指向下方就可以了。将重力的 Strength 设为 10，这样 Snow 喷出的粒子就会落下来了，如图 113 所示。

选择 Snow，单击工具栏上的绑定到空间扭曲按钮，然后，再单击 Snow 系统，按住左键并拖放到重力系统上，把两者结合到一起。如图 114 所示。

这时水流已经有了落下的效果，但是可以发现，水流会穿过平面物体。解决的方法就是在地面创建导向板。在 Top 视图，单击创建命令的 Space Warps 选项的 Deflectors 类别下 Deflector 命令，移动到底面 Plane 的上面，设置参数如图 115 所示。

为了表现真实的水流碰撞效果，溅起的水花应该泛出白色。单击打开材质编辑器，选择一个新的材质球，设置参数如图 116、图 117 所示。

单击创建面板下的灯光，在透视图创建一个 Skylight，加强画面的艺术感染力。灯光设置如图 118 所示。

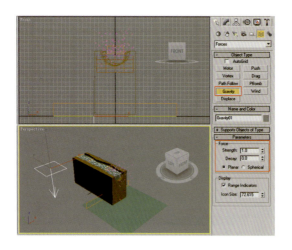

图 113 创建命令

图 114 将两者结合在一起

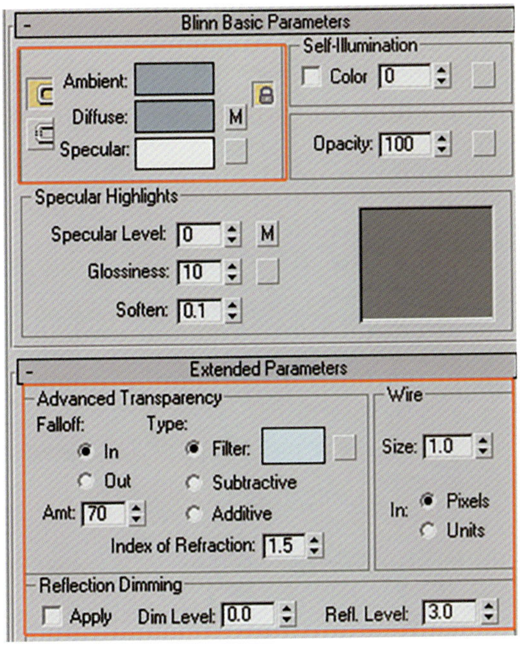

THREE DIMENSIONAL FILM AND TELEVISION ANIMATION EFFECTS PRODUCTION
三维影视动画特效制作

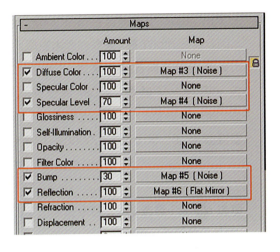

图 116 设置参数

图 115 设置参数

图 117 设置参数

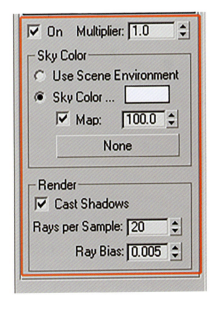

图 118 创建一个 Skylight

TV COLUMN PACKAGING
影视栏目包装

图 119　渲染效果图

所有参数都是根据场景物体的大小、特点、表现目的来进行设置的。改变参数可以创造出不同的效果，制作时既要尊重科学，也可以适当加以合理的艺术夸张。

设置完成后，选择下落的水流，单击赋予选择物体材质按钮。单击键盘的 F9 键进行快速渲染，单张效果如图 119 所示。

最后设置好文件输出路径以及输出的格式，经过渲染就可以得到完整的动画文件。

案例总结：本案例演示了如何制作较为复杂的综合特效，重点步骤是如何对 Snow 粒子发射器、流水材质，重力场进行设置。

课后练习

1. 如何调整 3ds Max 材质编辑器制作特殊效果？

2. 如何使用 3ds Max 特殊粒子工具模拟自然现象？

3. 如何使用 3ds Max 力场工具模拟动画？

THREE DIMENSIONAL FILM AND TELEVISION ANIMATION EFFECTS PRODUCTION 3
三维影视动画特效制作

九 案例赏析

图 120 影视剧、动漫游戏作品中的爆炸特效

TV COLUMN PACKAGING
影视栏目包装

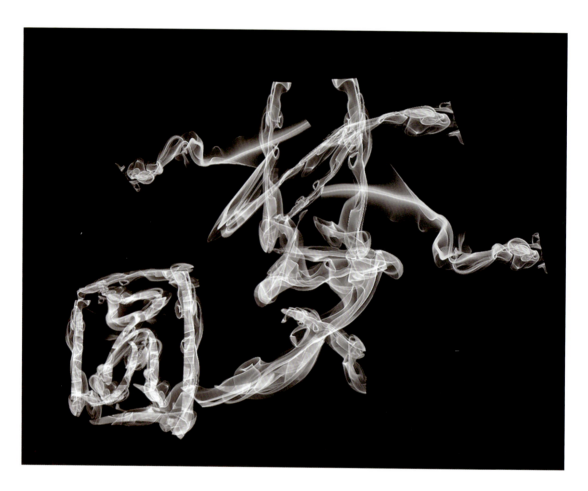

图 121　三维软件制作的烟雾特效

THREE DIMENSIONAL FILM AND TELEVISION ANIMATION EFFECTS PRODUCTION 3
三维影视动画特效制作

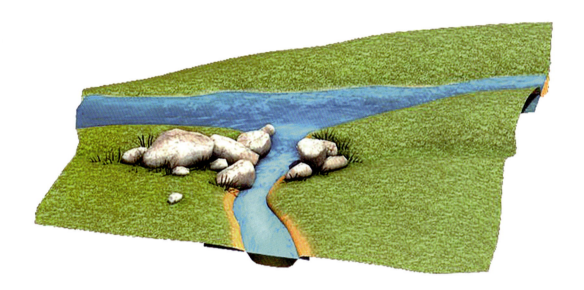

图 122　三维软件制作的水的特效

第四章

DYNAMIC DACKGROUND MAKING
OF FILM AND TELEVISION PROGRAM

影视栏目动态背景制作

TV COLUMN PACKAGING
影视栏目包装

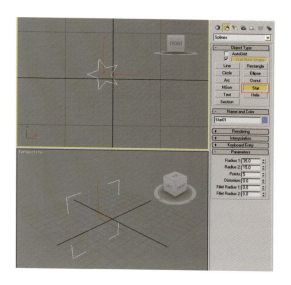

图1 创建一个五角星

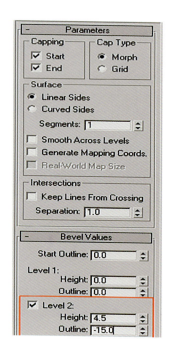

图2 修改参数

学习目标：学会使用3ds Max软件制作符合影视播放要求的三维背景特效动画。

学习重点：掌握3ds Max模型制作方法、图形工具和复杂粒子特效工具的使用方法以及动画文件后期合成的技能技巧。

> ## 一 五星闪耀炫动背景制作
>
> 制作思路：
>
> 1. 图形工具的使用
>
> 2. 超级喷射粒子的建立
>
> 3. 路径控制器的设定
>
> 4. Video Post 工具的设定

创建五星物体

1. 首先我们需要创建五星物体，进入3ds Max，选择主菜单 File 下的 Reset 选项，复位应用程序到初始状态。单击命令面板上的 Create 列表下的 Shapes 选项，在 Front 视图中创建一个五角星 Star01，参数设置如图1所示。

2. 单击 Modify 钮，在下拉列表中选择 Bevel 项，参数设置如图2所示。

DYNAMIC DACKGROUND MAKING OF FILM AND TELEVISION PROGRAM
影视栏目动态背景制作

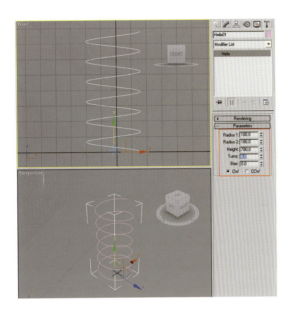

3. 单击激活 Top 视图，单击 Create 列表下的 Shapes 选项，单击 Helix 按钮，在 Top 视图中创建一条螺旋形的曲线，参数设置如图 3 所示。

4. 在 Left 视图中，创建一架摄影机，位置如图 4 所示。

在 Left 视图中移动摄影机，观察 Camera 视图，调整到 Camera 视图，其效果如图 5 所示。

图 3 创建一条螺旋形的曲线

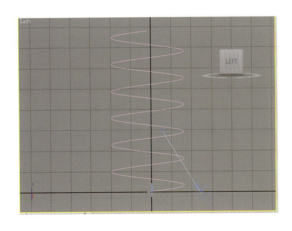

图 4 创建一架摄像机

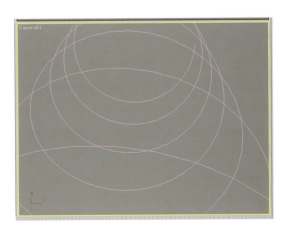

图 5 调整到 Camera 视图

TV COLUMN PACKAGING
影视栏目包装

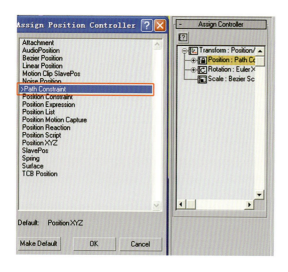

图 6　Path Constraint 路径约束工具

5. 选取 Star01 物体，在命令面板上单击 Motion 钮，打开 Assign Controller 卷展栏，单击 Position:Path 选项，单击其左上角的控制按钮，在弹出的窗口中单击 Path Constraint 路径约束工具，如图 6 所示。

在命令面板上单击 Path Parameters 卷展栏，单击 Pick Path 钮，然后在 Front 视图上单击螺旋线，如图 7 所示。

选取五角星 Star01，在工具行中选择 Snapshot 按钮，这个工具用来沿固定路径复制物体，如图 8 所示。

在弹出的如下窗口中勾选 Range 钮，设置参数如图 9 所示。

6. 在工具栏中单击从场景选择按钮，选择 Star01 物体并删除它，如图 10 所示。

7. 激活 Top 视图，选择所有的五角星图像，使用旋转工具，按照 y 轴方向旋转五角星至与图中的线框相切的位置，如图 11 所示。

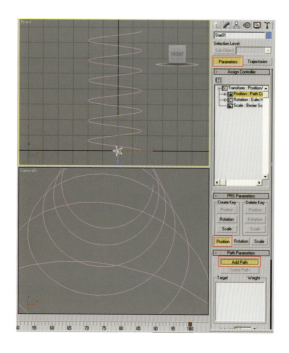

图 7　单击螺旋线

DYNAMIC DACKGROUND MAKING OF FILM AND TELEVISION PROGRAM

影视栏目动态背景制作

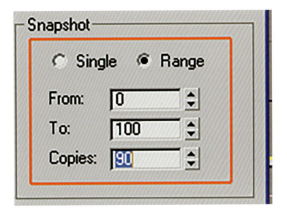

图 9 设置参数

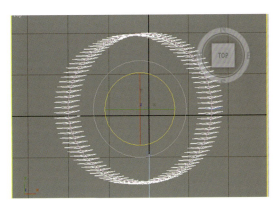

图 11 使五角星相切

图 8 复制物体

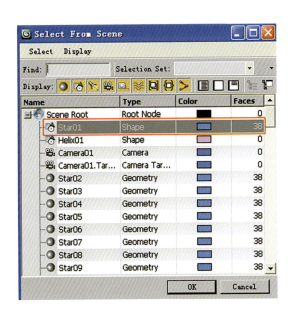

图 10 删除 Start01 物体

119

TV COLUMN PACKAGING
影视栏目包装

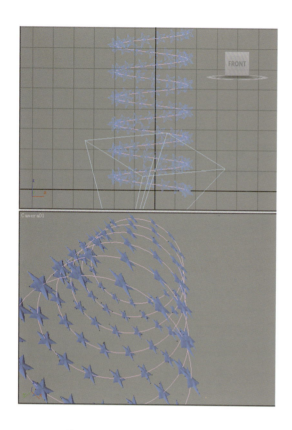

图 12　调整摄像机视图

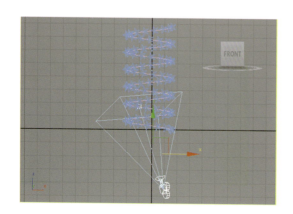

图 13　移动摄像机

　　接着我们间隔地选取五角星模型，使用旋转工具把所有的五角星都调整为与螺旋线相切。鼠标单击激活 Left 视图，调整摄影机视图，如图 12 所示。

　　8. 再次激活 Front 视图，移动摄影机如图 13 所示的位置。

　　9. 单击工具栏上的按名称选择按钮，选取 Helix01 并删除它，如图 14 所示。

组合物体

　　1. 单击工具栏中的按名称选择按钮，选择 Star02，单击 Create 钮，下拉菜单中选择 Compound Objects 项，然后在命令面板上单击 Boolean 按钮，进入布尔运算状态，如图 15 所示。

　　2. 单击命令面板上的 Pick Operation 项，同时在命令面板下方的 Operation 项下，勾选 Union(合集) 项，然后单击工具栏中的按名称选择按钮，在弹出的窗口中选择 Star03，然后单击 Pick 钮，这样就将 Star02 和 Star03 两物体组合到了一起，变成了一个物体。下面要将所有的五角星用布尔运算组合成一个物体，再次单击命令菜单上 Bollean 一下，注意：这步是必不可少的，每一次布尔运算都要有这一步，然后

DYNAMIC DACKGROUND MAKING OF FILM AND TELEVISION PROGRAM
影视栏目动态背景制作

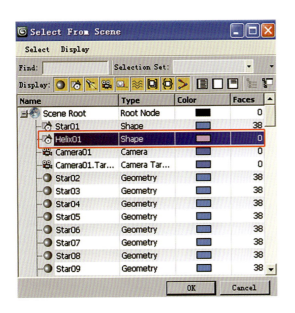

图 14 选取 Helix01 并删除它

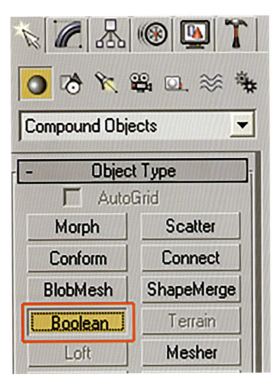

图 15 布尔运算状态

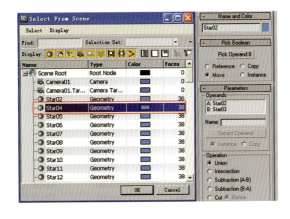

图 16 布尔运算

TV COLUMN
PACKAGING
影视栏目包装

图 17　在 Top 视图中建立一个 Arc01 曲线

图 18　移动曲线

重复上面的步骤,这时应该选择 Star04,然后单击 Pick 钮,将 Star02、Star03、Star04 组合成一个物体。依此类推,直至将所有的物体组合完毕为止,如图 16 所示。

创建粒子动画路径

1. 单击 Create 列表下的 Shapes 选项,单击命令面板上的 Arc 钮,在 Top 视图中建立一个 Arc01 曲线,如图 17 所示。

激活 Front 视图,点选 y 轴,在 Front 视图中沿 y 轴向上移动曲线 Arc01 到如图 18 所示的位置。

2. 激活 Top 视图,单击 Create 列表下的 Shapes 选项,单击命令面板上的 Line 钮,同时勾选 Creation Method 下拉菜单中 Initial Type 下的 Smooth 项和 Drag Type 下的 Smooth 项,在 Top 视图中创建如图 19 所示的曲线 Line01。

激活 Front 视图,在工具栏中单击旋转钮,设定轴向为 z 轴,沿 z 轴旋转 Line01 至如图 20 所示的位置。

使用选择移动工具,在 Front 视图中沿 y 轴向上移动曲线 Line01 至如图 21 所示的位置。

DYNAMIC DACKGROUND MAKING OF FILM AND TELEVISION PROGRAM 4
影视栏目动态背景制作

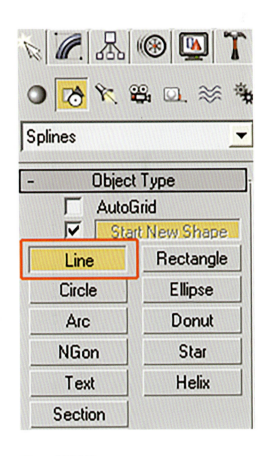

图 19 创建曲线

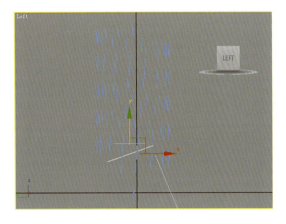

图 20 设定轴向与旋转

图 22 建立曲线

3. 激活 Top 视图，单击 Create 列表下的 Shapes 选项，在 Top 视图中如图 22 所示的位置再建立一个 Arc02 曲线。

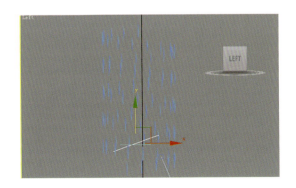

图 21 移动曲线

123

TV COLUMN PACKAGING
影视栏目包装

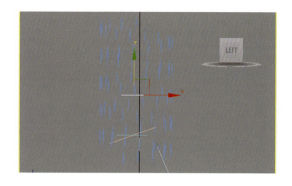

图 23 移动曲线

图 24 沿 z 轴旋转

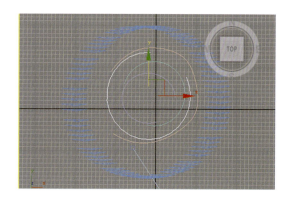

图 25 建立曲线

激活 Front 视图，在 Front 视图中沿 y 轴向上移动曲线 Arc02 至如图 23 所示的位置。

激活 Front 视图，在工具栏中单击旋转钮，设定轴向为 z 轴，沿 z 轴旋转 Arc02 至如图 24 所示的位置。

4. 激活 Top 视图，单击 Create 列表下的 Shapes 选项，在 Top 视图中再建立一个 Arc03 曲线，如图 25 所示。

激活 Front 视图，在 Front 视图中沿 y 轴向上移动曲线 Arc03 至如图 26 所示的位置。

激活 Front 视图，沿 x 轴旋转 Arc03 至如图 27 所示的位置。

创建粒子物体

1. 单击 Create 列表下的几何体按钮，在下拉菜单中选择 Particle Systems，在 Front 视图中创建 Super Spray01，移动粒子到如图 28 所示的位置。

2. 单击 Create 钮，单击灯光按钮，在 Left 视图中创建 Spot01，如图 29 所示。

在参数修改命令面板中，设置灯光参数如图 30 所示。

DYNAMIC DACKGROUND MAKING OF FILM AND TELEVISION PROGRAM
影视栏目动态背景制作

4

图 26 移动曲线

图 29 创建 Spot01

图 27 激活视图旋转

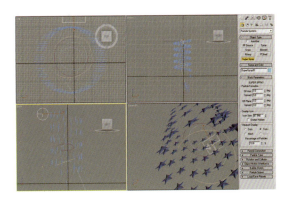

图 28 创建 Super Spray01 移动粒子

图 30 设置灯光参数

125

TV COLUMN PACKAGING
影视栏目包装

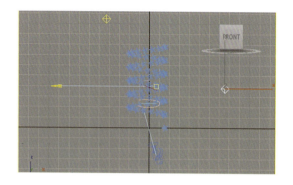

图 31 设置灯光并调整位置

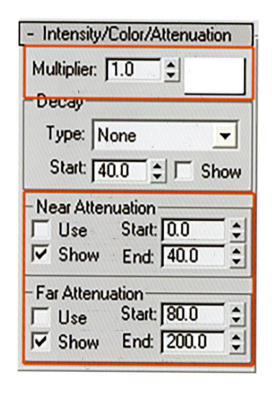

图 32 创建两盏灯

在 Left 视图中创建两盏泛光灯 Light02、Light03，并调整其位置如图 31 所示。

在 Left 视图中再创建两盏同心泛光灯，注意勾选命令面板上 Attenuation 下的 Show 选项。如图 32 所示。

3. 单击 Create 钮，单击几何体钮，在下拉菜单中选择 Particle Systems 项，如图 33 所示。

单击 Super Spray 钮，在 Top 视图中创建 Super Spray02、Super Spray03、Super Spray04、Super Spray05 四个超级喷射粒子，参数设置如图 34 所示。

单击命令面板上的 Particle Generation 卷展栏，设置参数如图 35 所示。

设置 Particle Generation 的参数为 39、打开命令面板上的 Particle Type 卷展栏，勾选 Standard Particles 下的 Sixpoint 项，对于超级喷射粒子 Super Spray02 设置基本完成。其他三个超级喷射粒子的参数设置同上，如图 36 所示。

DYNAMIC DACKGROUND MAKING OF FILM AND TELEVISION PROGRAM
影视栏目动态背景制作

4

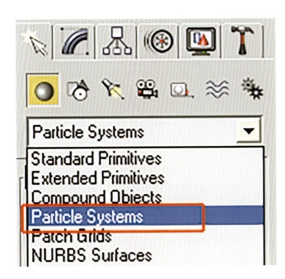

图 33 选择 Particels Systems 项

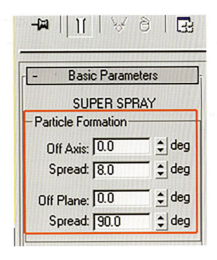

图 34 创建四个超级喷射粒子

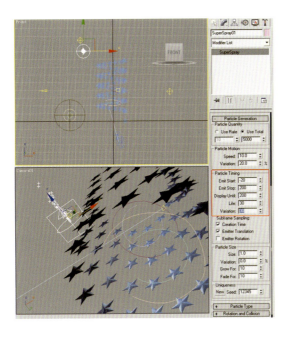

图 35 设置参数

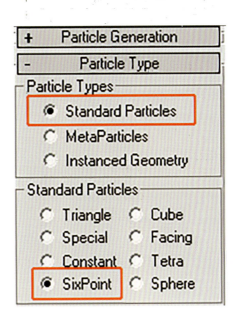

图 36 设置参数

127

TV COLUMN PACKAGING
影视栏目包装

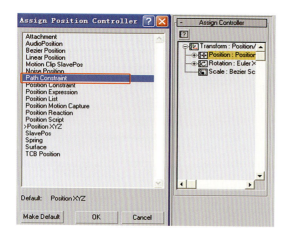

图 37 将粒子赋予曲线路径

将粒子赋予曲线路径

1. 在 Top 视图中单击 Super Spray02 以便选中它，然后单击命令面板上的 Motion 钮，展开命令面板上的 Assign Controller 卷展栏，选择其中 Position 项，然后单击其上的 Assign Controller 钮，在弹出的窗口中选择 Path 项，然后单击 OK 钮，如图 37 所示。

2. 单击命令面板上 Path Parameters 下的 Pick Path 钮，接着在 Top 视图中，单击 Arc01 曲线，然后在命令面板的 Path Options 下勾选 Follow 项，在 Axis 项中勾选 z 轴，勾选 Flip 项，这样我们就将超级喷射粒子赋予给了曲线 Arc01。同样把 Super Spray03 指定到曲线 Line01 上，将 Super Spray04、Super Spray05 依次指定到曲线 Arc02、Arc03 上，这样对于粒子的曲线运动设定就完成了，如图 38 所示。

3. 选择 Super Spray01，设置它的参数如图 39 所示。

单击命令面板上的 Particle Generation 卷展栏，勾选 Particle Quantity 下的 Use Total 项，设置参数如图 40 所示。

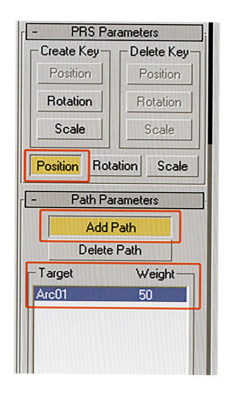

图 38 设置粒子的曲线运动

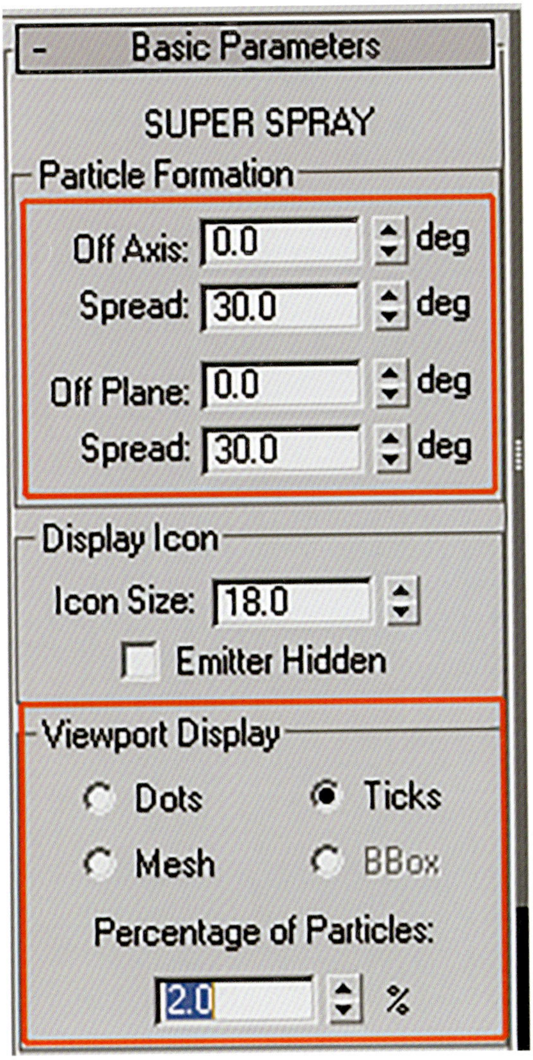

DYNAMIC DACKGROUND MAKING
OF FILM AND TELEVISION PROGRAM

影视栏目动态背景制作

图 39　设置参数

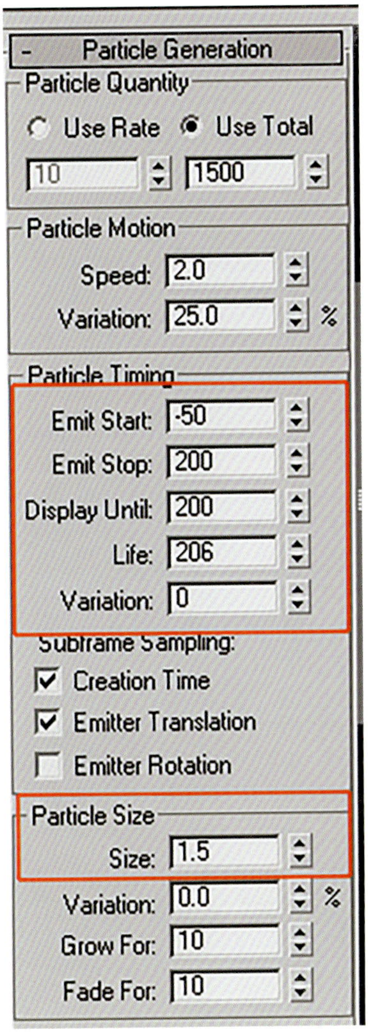

图 40　设置参数

TV COLUMN PACKAGING
影视栏目包装

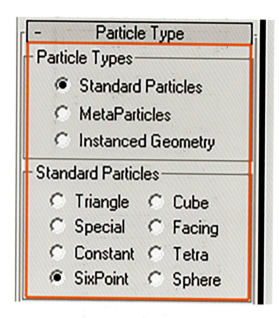

图 41　设置参数

打开命令面板上的 Particle Type 卷展栏，勾选 Standard Particles 下的 Six Point 项，粒子 Super Spray01 的参数设置完成。如图 41 所示。

单击 Animate 钮，打开动画参数设置面板，在 Animation 下的 Length 项中将动画的长度设置为 200 帧，如图 42 所示。

创建变流空间扭曲物体

1. 为使制作的超级喷射粒子 Super Spray01 在喷撒到五星物体时，产生一个空间的反弹变流的效果，单击 Create 钮，单击 Space Wraps 钮，在下拉菜单中选择 Deflectors，如图 43 所示。

在命令面板上单击 Deflector 钮，在如图 44 所示位置建立一个 Deflector01 物体，即图中的白色方块，调整 Super Spray01 喷射粒子的方向，使之对准 Deflector01 物体。

2. 单击工具栏中的绑定到空间扭曲按钮，拖动鼠标将 Super Spray01 物体与 Deflector01 物体进行链接，如图 45 所示。

喷射粒子材质设定

1. 接着需要给模型场景设定材质。打开材

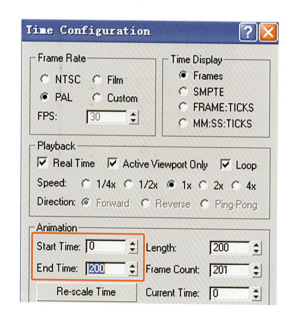

图 42　设置动画的长度为 200 帧

DYNAMIC DACKGROUND MAKING OF FILM AND TELEVISION PROGRAM
影视栏目动态背景制作

4

图43 选择按钮变换喷射效果

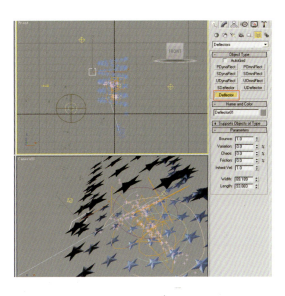

图44 调整方向选择按钮

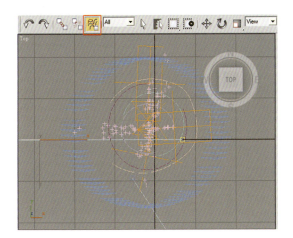

图45 将物体进行链接

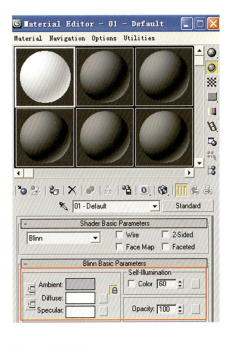

图46 设置参数

131

TV COLUMN PACKAGING
影视栏目包装

质编辑器,选择第一个材质视窗,设置 Ambient 的颜色为 R = 160、G = 160、B = 185,Diffuse 的颜色为白色,设置 Self-Elimination 的值为 60,如图 46 所示。

打开 Extended Parameters 的卷展栏,勾选 Falloff 下的 Out 选项,设置 Amt 值为 100,勾选 Type 下的 Additive 项,如图 47 所示。

打开 Maps 卷展栏,单击 Diffuse 右侧的 None 钮,在弹出的窗口中选取 Gradient 贴图类型,如图 48 所示。

单击 Diffuse 右侧的 Gradient 选项,在 Gradient Parameters 卷展栏中设置 Color#1 的颜色为 R=255、G=0、B=0,Color#2 的颜色为 R=255、G=160、B=0,Color#3 的颜色为 R=255、G=255、B=0,如图 49 所示。

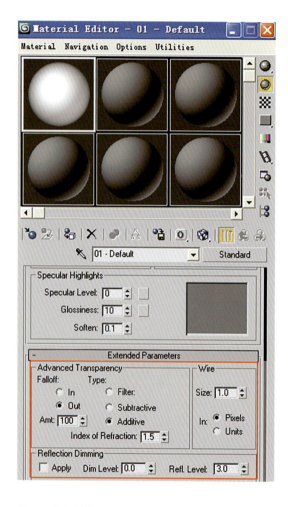

图 47　设置数值

DYNAMIC DACKGROUND MAKING OF FILM AND TELEVISION PROGRAM
影视栏目动态背景制作

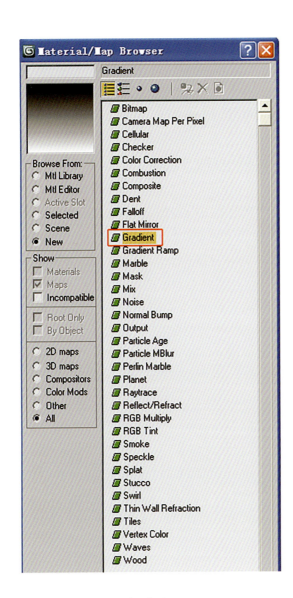

图 48 选取 Gradient 贴图类型

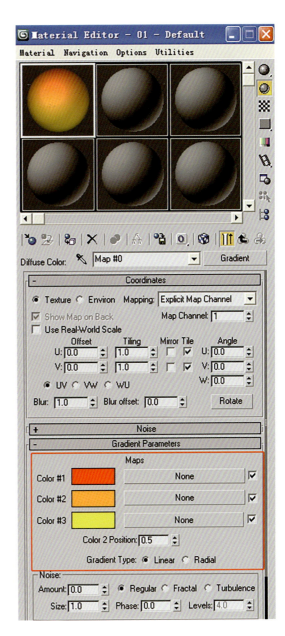

图 49 设置参数

133

TV COLUMN PACKAGING
影视栏目包装

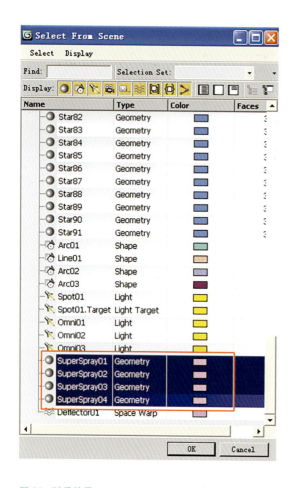

图 50 赋予粒子

2. 在工具栏中单击按名称选择钮，选择 Super Spray01、Super Spray02、Super Spray03、Super Spray04，将设置好的材质赋予粒子，如图 50 所示。

背景材质设定

选取第二个材质球，打开 Maps 卷展栏，单击 Diffuse 右侧的 None 钮，在弹出的窗口中选取 Bitmap 贴图类型，如图 51 所示。

打开 Bitmap Parameters 卷展栏，单击 Bitmap 右侧的空白钮，在弹出的对话框中选取天空贴图文件，打开 Noise 卷展栏，参数设置如图 52 所示。

在 Coordinates 卷展栏下，勾选 Environ 项，在 Mapping 的下拉栏中选取 Shrink-Wrap Environment 项，背景材质设置完成，如图 53 所示。

DYNAMIC DACKGROUND MAKING OF FILM AND TELEVISION PROGRAM 4

影视栏目动态背景制作

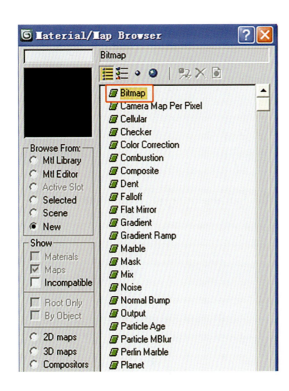

图 51 选取 Bitmap 贴图类型

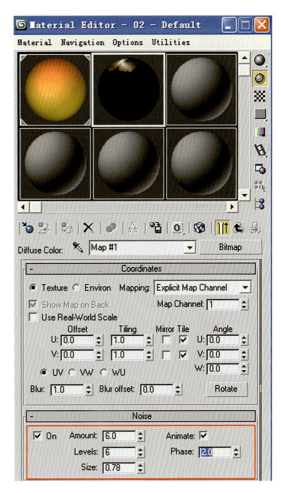

图 52 设置参数

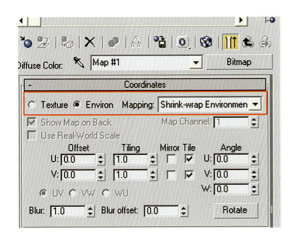

图 53 设置背景材质

135

TV COLUMN PACKAGING
影视栏目包装

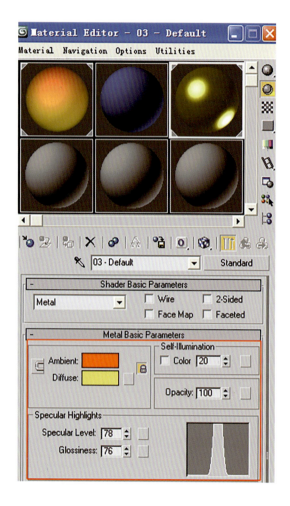

图 54　赋予五星物体

五星材质设定

在材质编辑器中点取第三个材质球,设置 Shading 为 Metal 方式,设置 Ambient 的颜色为红色,Diffuse 的颜色为黄色,Specular Level 的值为 78,Glossiness 的值为 76,在 Front 视图中选取五星物体,点击材质编辑器上的赋予选择物体材质按钮,将此材质赋予五星物体,如图 54 所示。

动画设置

1. 我们开始设置动画。单击 Rendering 菜单的 Video Post 选项,单击 Animate 钮,打开动画记录,将时间滑块拖到第 200 帧,在 Left 视图中选择摄影机,然后将摄影机向下拖动,同时观察摄影机视图,使五星状的物体逐渐放大。激活 Front 视图,选择移动工具,在 Front 视图中沿 y 轴旋转五星状物为一定的角度,大约 –20 度左右即可,如图 55 所示。

2. 点取菜单栏中的 Rendering 菜单下的 Video Post 项,在 View 的下拉栏中选取 Camera01,如图 56 所示。

3. 单击 Video Post 窗口中的添加图像过滤事件钮,在弹出的窗口中的下拉菜单中选取 Lens Effects Flare 项,如图 57 所示。

DYNAMIC DACKGROUND MAKING
OF FILM AND TELEVISION PROGRAM

影视栏目动态背景制作

4

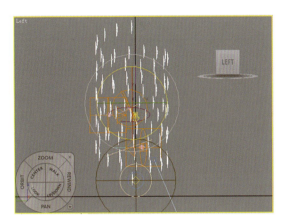

图 55　设置动画

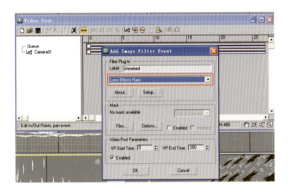

图 57　选取 Lens Effectsf Flare 选项

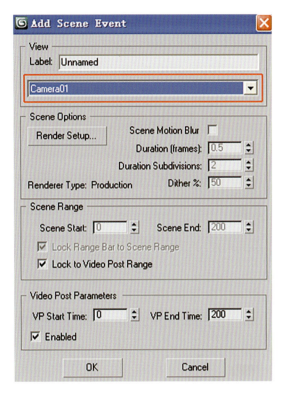

图 56　选取 Camera01

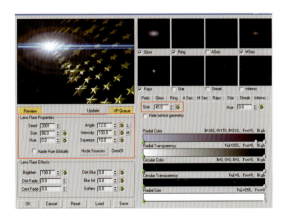

图 58　设置参数

137

TV COLUMN
PACKAGING
影视栏目包装

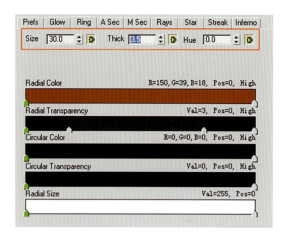

图 59　设置参数

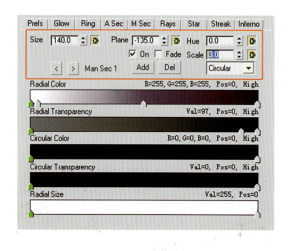

图 60　设置参数

双击 Video Post 窗口中的 Lens Effects Flare 项，在弹出的窗口中单击 Setup 钮，在 Lens Effects Properties 项的下面，设置 Size 的值为 88，Angle 的值为 12，单击 Node Sources 项，在弹出的窗口中点选 Omni01，在右侧窗口中勾选 Glow、Ring、Msec、Rays 项，单击 Preview 和 Vp Queue 项，单击 Glow 项，设置 Size 的值为 45，如图 58 所示。

点选 Ring 项，设置 Size 的值为 30，Thick 的值为 3.5，如图 59 所示。

点选 Msec 项，设置 Size 的值为 140，Plae 的值为 –135，勾选 On 项，设置 Scale 的值为 3.0，如图 60 所示。

点选 Rays 项，设置 Size 的值为 110，Num 的值为 125，Sharp 的值为 9.9，如图 61 所示。

单击 OK 钮，然后在 Top 视图中选取泛光灯 Omni01 和 Omni02，调整其位置如图 62 所示。

单击命令菜单栏中的 Rendering 菜单下的 Environment 项，在弹出的窗口中，单击 Environment Map 下面的空白钮，在弹出窗口中的 Browse From 项的下面点选 Mtl Editor 项，

DYNAMIC DACKGROUND MAKING OF FILM AND TELEVISION PROGRAM
影视栏目动态背景制作 4

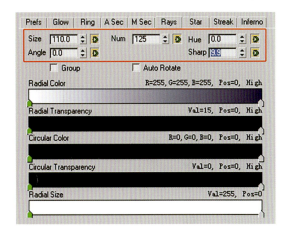

图 61 设置参数

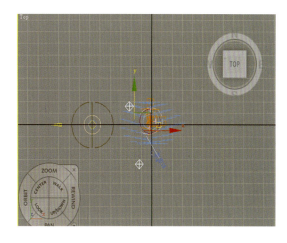

图 62 选取泛光灯，调整位置

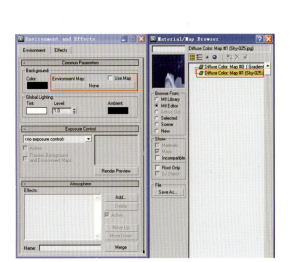

图 63 设置参数

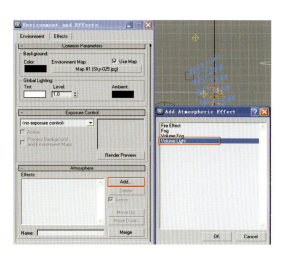

图 64 单击 Pick 按钮

139

TV COLUMN PACKAGING
影视栏目包装

图 65 渲染效果图

选择右边的 Diffuse：Map#1 项，单击 OK 钮，在弹出的窗口中选取默认的选项，如图 63 所示。

在 Environment 窗口中，打开 Atmosphere 下拉栏，点取其右边的 Add 钮，在弹出的窗口中点取 Volume Light 项，增加一个 Volume Light。展开 Volume Light 下拉栏，点取 Lights 项下的 Pick Light 钮，然后点取工具栏中的按名称选择按钮，在弹出的窗口中点取 Spot01 项，并单击 Pick 钮，如图 64 所示。

点取 Volume 下的 Fog Color 项，弹出颜色调整窗口，设置其颜色为 R=250、G=250、B=228，设置 Attenuation Color 的颜色为黑色，设置 Density 的值为 1，Max Light% 的值为 90，Aten.Mult 的值为 2，最后我们可以单击渲染按钮，输出动画文件。效果如图 65 所示。

案例总结：本案例演示了如何通过图形结合粒子系统制作星光滚动的效果，关键步骤在于如何给粒子系统添加路径控制器，如何控制运动方向，以及如何给粒子系统添加镜头效果。

DYNAMIC DACKGROUND MAKING OF FILM AND TELEVISION PROGRAM
影视栏目动态背景制作 4

二 中国风水墨动态背景制作

制作思路：

1. 多边形模型的修改

2. Wave 修改器的设定

3. 水墨贴图的制作

创建鱼的模型

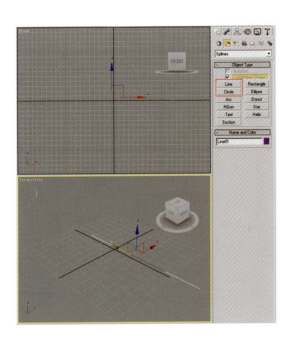

图 66 绘制圆形

1. 启动 3ds Max，单击创建命令面板单击图形按钮，在下拉列表框中选择样条线项。单击创建面板中的线按钮，在视图中绘制一线条 Line01，同样的，单击圆按钮，在视图中绘制一圆形 Circle01，如图 66 所示。

通过工具栏的"对齐"按钮，进行中心对齐，可以使线段垂直于圆所在的平面，如图 67 所示。

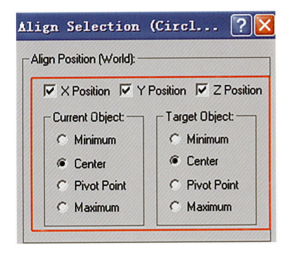

图 67 通过工具栏上的"对齐"按钮

141

TV COLUMN PACKAGING
影视栏目包装

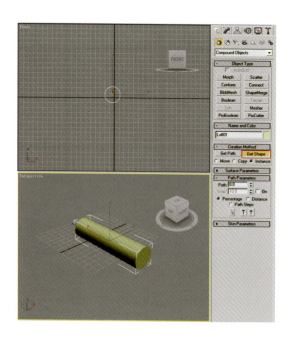

图 68　选择放样命令

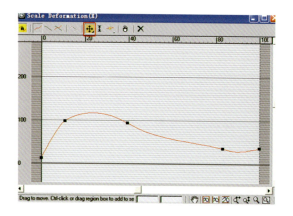

图 69　打开"缩放变形"窗口

2. 单击创建命令面板中的几何体按钮，在下拉列表中选择复合对象项，单击放样按钮，如果事先选中 Line01，那么单击创建方法卷展栏中的单击获取图形按钮，在视图中选择 Circle01，于是生长一复合体 Loft01，如图 68 所示。

3. 进入 Loft01 的修改命令面板，打开变形卷展栏，单击缩放按钮，打开"缩放变形"窗口，调整角点的位置及线条形状，如图 69 所示。

通过增加"角点"，设置平滑，可以调整线条的形状，从而调整 Loft01 的形状，产生基本造型，如图 70 所示。

为使鱼身显得自然，在修改器列表下拉框中选择"Ffd 4×4×4"项，并调整各个控制点，另外，可以添加"网格平滑"修改器，最终效果如图 71 所示。

4. 单击创建命令面板，单击图形按钮，在下拉列表框中选择样条线项。单击创建面板中的线按钮，在前视图中，绘制一线条 Line02，形状类似楔子，如图 72 所示。

在修改器列表下拉框中选择挤出项，打开参数卷展栏，调整数量值，如图 73 所示。

DYNAMIC DACKGROUND MAKING OF FILM AND TELEVISION PROGRAM
影视栏目动态背景制作 4

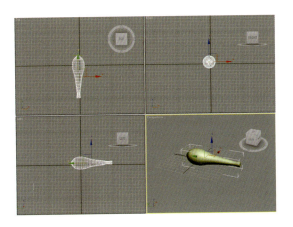

图 70　设置平滑

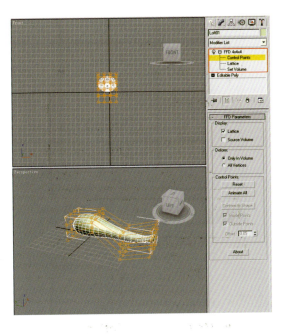

图 71　添加"网格平滑"修改器

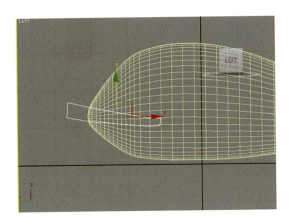

图 72　绘制一线条 Line02

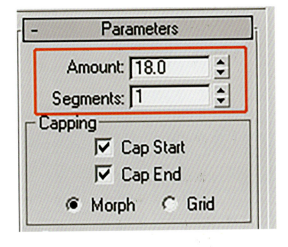

图 73　设置参数

143

TV COLUMN PACKAGING
影视栏目包装

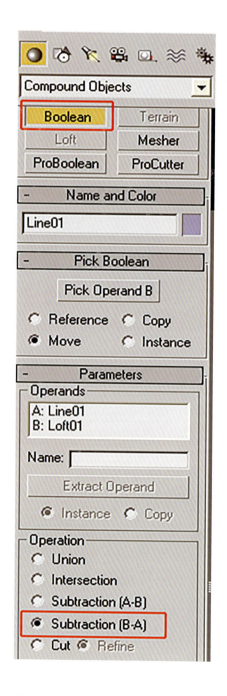

选中Loft01，单击创建命令面板中的几何体按钮，在下拉列表中选择复合对象项，单击布尔按钮，在拾取布尔卷展栏中单击拾取操作对象B按钮，选择视图中的Line02，形成鱼嘴效果，如图74所示。

5.接着我们绘制鱼尾，在前视图中绘制一线条Line03，如图75所示。

选择修改器列表下拉框中的挤出项，将它生成一实体。同样通过"Ffd 2×2×2"修改器，调整尾巴的形状，如图76所示。

6.以同样的方法，创建鱼鳍，通过"Ffd 2×2×2"修改器调整厚度和形态。最后，创建球体作为鱼的眼睛，将鱼身、鱼尾、鱼鳍、眼睛组合为一个整体，效果如图77所示。

7.复制多个鱼实体，并调整其大小及位置，按住Ctrl + C键产生摄影机视图，如图78所示。

图74 设置参数

DYNAMIC DACKGROUND MAKING OF FILM AND TELEVISION PROGRAM 4

影视栏目动态背景制作

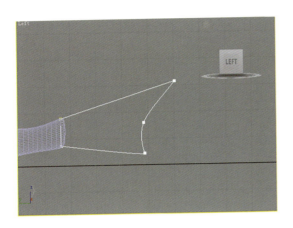

图 75　绘制一线条

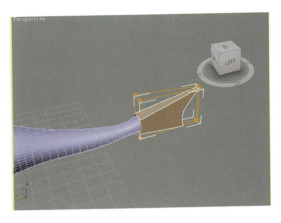

图 76　通过修改器调整尾巴的形状

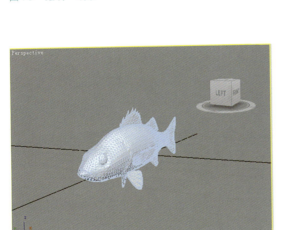

图 77　产生摄影机视图

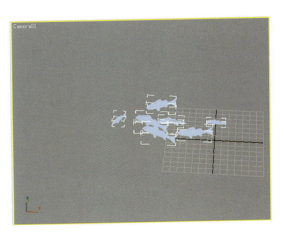

图 78　调整大小以及位置

145

TV COLUMN PACKAGING 影视栏目包装

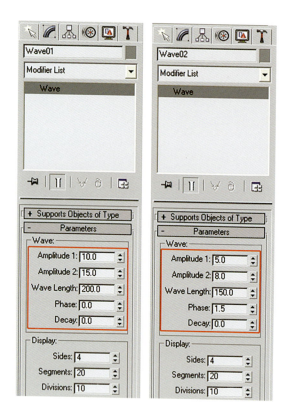

图 79　设置参数

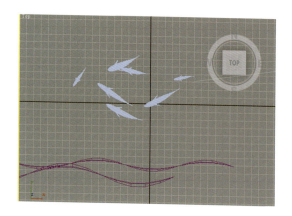

图 80　单击"绑定到空间扭曲"按钮

将模型绑定到空间扭曲

1. 单击创建命令面板中的空间扭曲项，在下拉列表中选择几何/可变形项，单击波浪按钮，在前视图中绘制一波浪 Wave01，并复制一个 Wave02，注意波浪的方向，与鱼的游动方向应一致。打开参数栏，调整其振幅，Wave01 和 Wave02 的参数设置分别如图 79 所示。

2. 单击中间大点的几条鱼，单击"绑定到空间扭曲"按钮，在视图中选择 Wave01；同样选择其他几条鱼，单击绑定到空间扭曲按钮，选择视图中的 Wave02。效果如图 80 所示。

动画设置

全部选中鱼，将它们移出顶视图外，为方便操作可留下一条摄影机视图中不再显示鱼即可。在动画控制区，单击自动关键点按钮，将滑块移动到第 100 帧，同时将所有鱼移到视图中，以摄影机视图为准，单击"自动关键点"关闭动画设置，如图 81 所示。

材质设置

接着单击键盘的 M 键，打开材质编辑器窗口，选择第一个材质球，打开贴图，单击漫反射

DYNAMIC DACKGROUND MAKING OF FILM AND TELEVISION PROGRAM 4
影视栏目动态背景制作

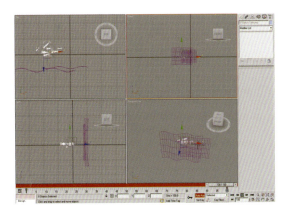

图 81 单击"自动关键点"

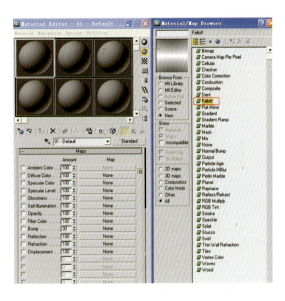

图 82 添加衰减贴图

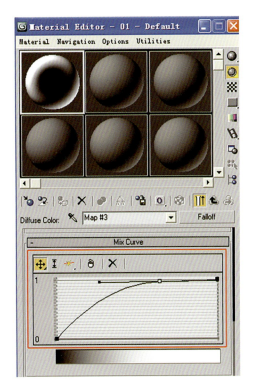

图 83 设置参数

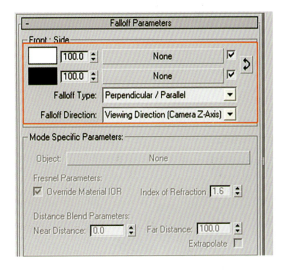

图 84 衰减参数的颜色对调一下

147

TV COLUMN PACKAGING
影视栏目包装

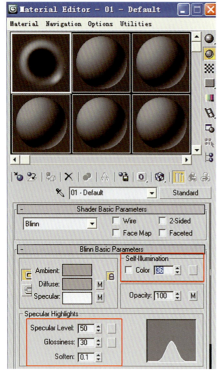

图 85 调整反射高光值

颜色后面的 None 按钮，添加衰减贴图，如图 82 所示。

对衰减贴图的曲线以及参数进行设置以达到满意的效果，如图 83 所示。

将贴图复制给高光颜色、不透明度后面的 None 按钮上。注意不透明度的衰减参数中的颜色对调一下，如图 84 所示。

继续调整 Blinn 基本参数卷展栏中的反射高光值等参数，如图 85 所示。

将第一个材质球材质赋予所有的鱼。打开渲染菜单中的环境命令，为背景颜色指定一淡米黄色，模仿宣纸的效果。渲染效果如图 86 所示。

案例总结 本案例首先是修改多边形模型，重点是对模型添加 Wave 修改器产生游动的效果，最后调节水墨材质完成效果。

图 86 渲染效果图

DYNAMIC DACKGROUND MAKING
OF FILM AND TELEVISION PROGRAM 4
影视栏目动态背景制作

三 舞动的丝带动态背景制作

制作思路：

1. Nurbs Curves 曲线的建立

2. 路径变形工具的设定

3. 贴图的设置

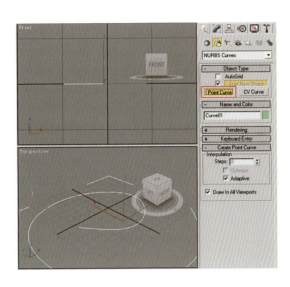

图 87　创建丝带舞动路径

创建运动路径

1. 制作丝带舞动片头动画之前，首先要在草图上简要地绘制一下想要达到的动画效果，即丝带舞动的路径，然后再开始创建。

2. 在创建命令面板中，单击 Shapes（平面图形），在其下拉列表中选择 Nurbs Curves 曲线类型，在 Top 视图中画出如图 87 所示的曲线。

单击 Modify 进入修改命令面板中，进入 Poing 点的次物体层级中，在视图中拖动各点对螺旋线进行调整，使其形成立体效果，如图 88 所示。

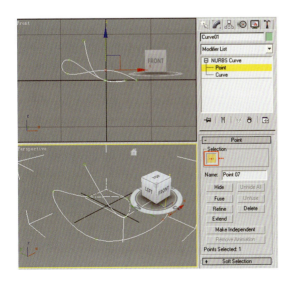

图 88　形成立体效果

149

TV COLUMN PACKAGING
影视栏目包装

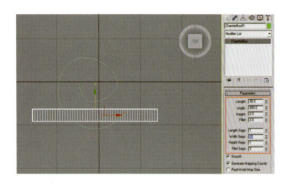

图 89　设置参数

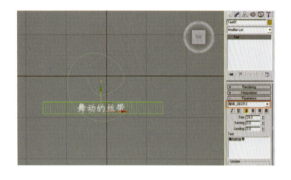

图 90　设置参数

创建丝带模型

1. 在命令面板上单击 Geometry（几何体）按钮，在其下拉列表中选择 Extended Primitives（扩展几何体）选项，然后单击 Chamferbox（导角方体）钮，在 Top 视图中创建一个导角方体，设置其 Length（长度）值为 30，Width（宽度）值为 300，Height（高度）值为 2，Fillet（导角）值为 2，如图 89 所示。

2. 在创建命令面板中，在 Shapes（平面图形）层级的 Splines（线）层级中，单击 Text（文本）按钮，在其下面文字输入框内输入"舞动的丝带"几个字，并将其字体设置为楷体，具体参数设置如图 90 所示。

然后选择文字，进入修改命令面板中，加入 Bevel 倒角的修改器，参数设置如图 91 所示。

3. 打开 Rendering（渲染）卷展栏，勾选其 Enable In Renderer（可渲染）选项，在 Radial 选项中将 Thickness 值设置为 1.6，这样制作的线框文字就可以正常渲染了，如图 92 所示。同时需要注意，在 Left 视图中将其移动到导角方体的上方。

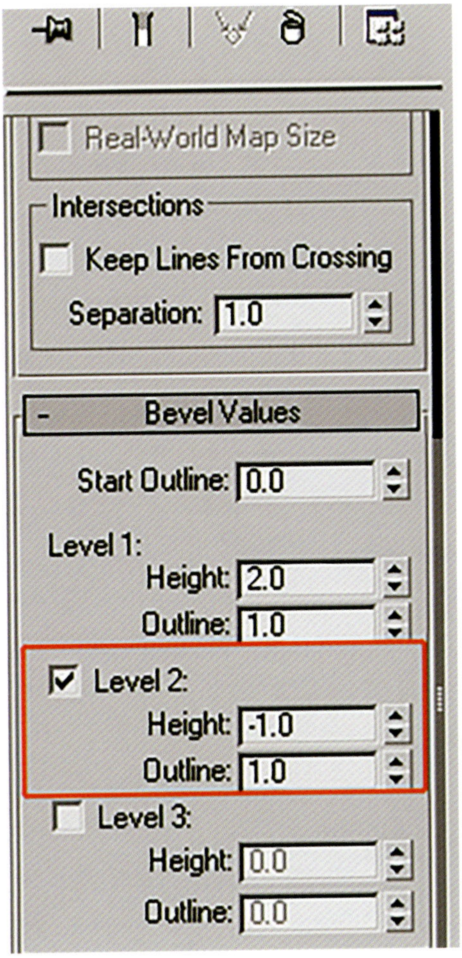

DYNAMIC DACKGROUND MAKING OF FILM AND TELEVISION PROGRAM
影视栏目动态背景制作

图 91　设置参数

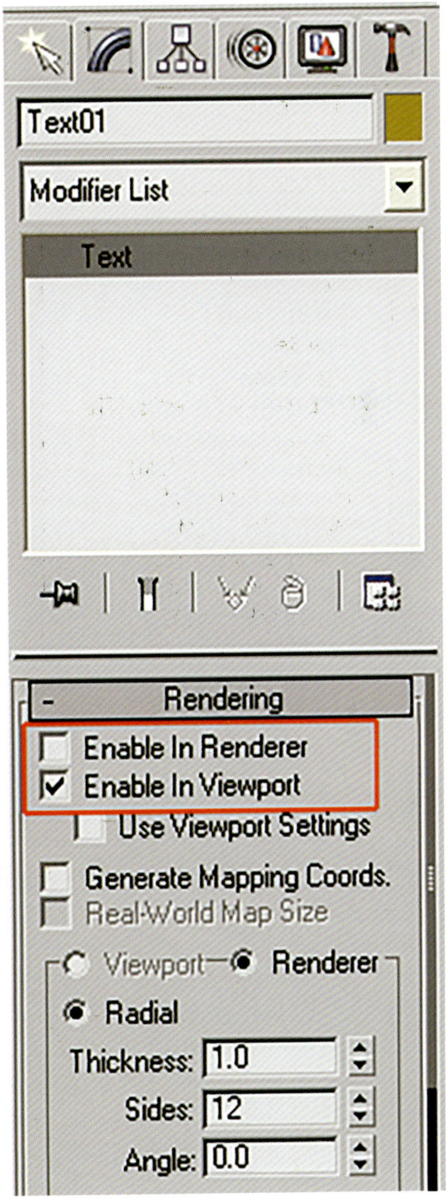

图 92　设置参数

TV COLUMN PACKAGING
影视栏目包装

丝带舞动动画设定

1.在 Top 视图中选择导角方体即丝带模型,然后单击 Modify 钮进入修改命令面板中,为其加入一个 Path Deform (Wsm)（路径变形）修改项,如图 93 所示。

在修改命令面板的下方单击 Pick Path（拾取路径）按钮,然后在视图中单击绘制的曲线,并在命令面板中单击 Move To Path（移动到路径）按钮,这时丝带移动至路径的起点上,单击 x 轴,其显示正常,如图 94 所示。

2.接着调整其参数,其中数值为 Rotation（旋转）的值为 –90,Twist（扭曲）的值为 960。修改效果如图 95 所示。

3.单击屏幕下方的 Auto Key（自动关键帧）打开动画记录,首先将滑块拖动到第 0 帧,在命令面板上设置其 Pervent 的值为 15,然后再拖动滑块到第 100 帧,设置其 Percent 的值为 120,此时再次单击 Auto Key（自动关键帧）关闭动画记录钮,按下播放按钮,丝带开始舞动,如图 96 所示。

图 93　设置参数

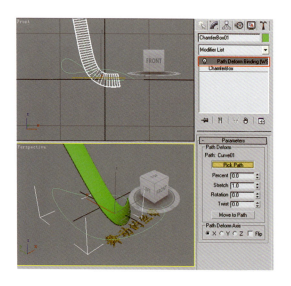

图 94　设置参数

DYNAMIC DACKGROUND MAKING OF FILM AND TELEVISION PROGRAM 4

影视栏目动态背景制作

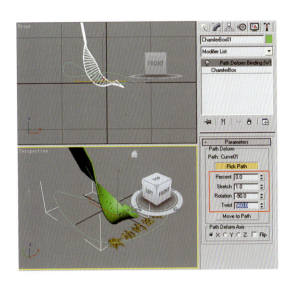

图95 设置参数

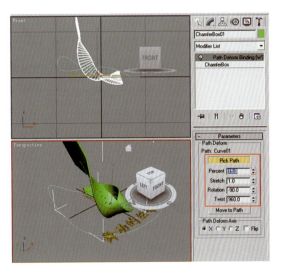

图96 设置动画

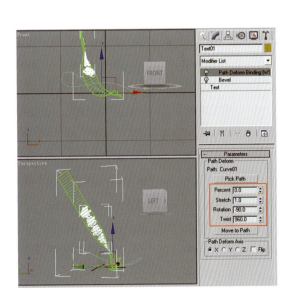

图97 设置动画

文字舞动动画设定

文字随丝带舞动的动画设置同丝带是一样的，另外有一个简便的文字动画设置方法，即可以在修改命令面板下的 Path Deform（Wsm）项上按住鼠标左键直接拖动到视图中的文字上即可，相当于将丝带的动画设置效果复制给了文字，如图97所示。

动画场景设定

1. 通过在透视图中使用视图旋转工具对视图进行调整，调整后要达到的效果即丝带从右下角飞入，从左上角飞出，如图98所示。

153

TV COLUMN PACKAGING
影视栏目包装

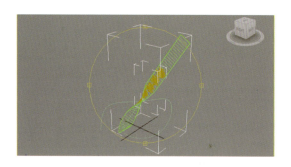

图98　设置动画

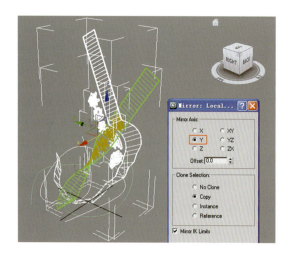

图99　复制

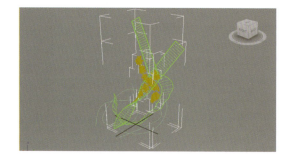

图100　设置完成

2.将制作完成的丝带舞动动画进行原样复制，首先选择场景中的所有物体，然后按下工具栏上的Mirror工具，在弹出的菜单中选择Copy项，点选y轴，按下确定键，然后调整镜像后的丝带动画场景，如图99所示。

最终制作完成的动画场景如图100所示，即两条同样的丝带在场景中飞舞。

材质设定

在工具栏上单击Material Editor（材质编辑器）钮打开材质编辑器，选择一个材质球，设置其材质类型为Blinn, Ambient（环境光）的颜色为R=255、G=0、B=0; Diffuse（漫反射）的颜色为R=255、G=62、B=0; Specular（高光反射）的颜色为R=255、G=255、B=0; Self-Liiumination（自发光）的颜色为（R=201 G=152 B=0）; Specular Level（高光级别）的值为253, Glossiness（光泽度）的值为33, Soften（柔化）的值为0.1; 勾选Falloff（衰减）下的In, 设置其Amt的值为86, 将设置好的材质指定给场景中的文字，如图101所示。

再选择一个材质球，设置其材质类型为Metal, Ambient的颜色为R=255、G=126、B=0; Diffuse（漫反射）的颜色为R=255、G=126、B=0; Self-liiumination（自发光）的

DYNAMIC DACKGROUND MAKING OF FILM AND TELEVISION PROGRAM
影视栏目动态背景制作 4

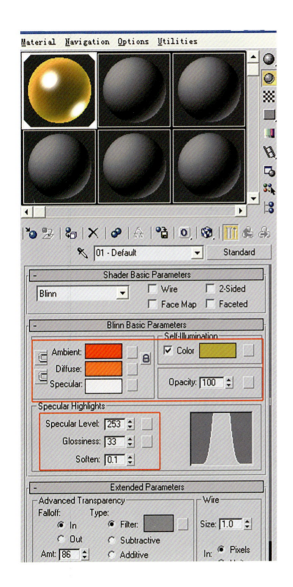

图 101 设置参数

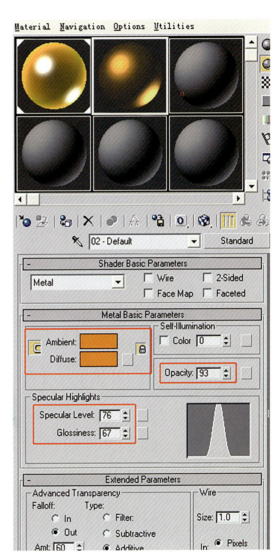

图 102 设置参数

值为 0；Specular Level（高光级别）的值为 76，Glossiness（光泽度）的值为 67；勾选 Falloff（衰减）下的 In，设置其 Amt 的值为 60，如图 102 所示。

挑选一张金色底纹图片，参考如图 103 所示。

155

TV COLUMN PACKAGING
影视栏目包装

图 103　制作金属滚动

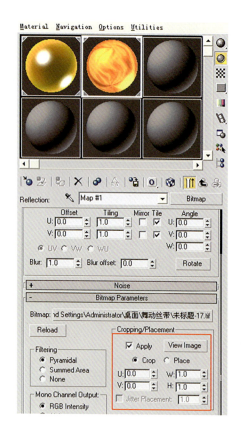

图 104　设置参数

在材质编辑器中单击 Maps（贴图），在弹出的贴图菜单中单击 Reflection（反射）贴图右侧 None 按钮，在弹出的窗口中单击 Bitmap（位图）模式，然后选择挑选的贴图，在 Croppint/Placement 选项下勾选 Apply 钮，单击 View Image 打开图像，单击屏幕下方的 Auto Key（自动关键帧）钮打开动画记录，首先将滑块拖动到第 0 帧，然后将图像上的方框调整为如图 104 所示。并且放置在左上角的位置，然后再拖动滑块到第 100 帧，将图像上的方框拖动到右上角的位置，此时再次单击 Auto Key（自动关键帧）关闭动画记录钮，按下播放按钮，金属滚光效果就制作完成，将制作好的材质指定给场景中的丝带。

渲染输出

1. 单击工具栏上 Rendering/Environment 进入环境设置选项，单击 Environment Map（环境贴图）选项下 None（无）按钮，弹出窗口中，选择 Bitmap（位图）选项，选择一组图像序列作为背景，以制作动态的背景效果。如果没有动态序列背景图像，那么也可以选择一张单一的图像作为背景，如图 105 所示。

单击工具栏上的 Render Scene Dialog（渲染场景对话框）钮打开渲染设置对话框，在 Time Output（时间输出）选项下勾选 Active Time Segment（活动时间段）：0

DYNAMIC DACKGROUND MAKING OF FILM AND TELEVISION PROGRAM
影视栏目动态背景制作

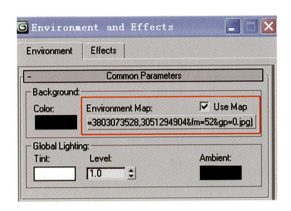

图 105　设置参数

To 100，在 Output Size(输出大小) 项下选择 Custom(自定义) 设置，设置 Width(宽度)：720，Height(高度)：576，然后再单击 Render Output(浸染输出) 选项下的 Files(文件) 按钮，设置渲染图像类型为 Avi 格式，最后按下 Render(渲染) 钮开始渲染。具体设置如图 106 所示。

2．等待渲染完成，最终渲染效果如图 107 所示。

案例总结：本案例使用图形工具中的 Nurbs Curves 建立曲线路径，多边形工具制作飘带模型和文字模型，重点是通过使用路径约束器工具控制模型的运动方向，最后赋予指定的贴图达到绚烂的视觉效果。

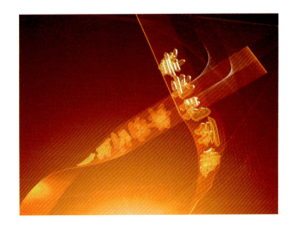

图 106　设置参数　　　　　　　　图 107　渲染效果图

157

TV COLUMN
PACKAGING
影视栏目包装

图108 建立一个环形结

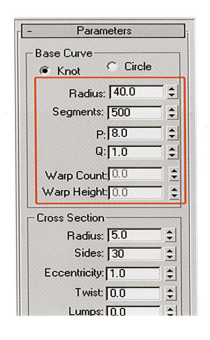

图109 设置参数

四 流光溢彩动态背景制作

制作思路：

1. 建立圆环模型

2. Blend 材质的设置

3. 使用 Taper 修改器

模型建立

1. 首先单击建立命令面板中的 Geometry 按钮，在下拉菜单中选择 Extended Primitives，按下 Torus Kont 按钮在前视图中建立一个环形结，如图 108 所示。

2. 选中环形结后进入修改命令面板，在 Base Curve 项中将 Radius 参数设置为 40，将 Segments 设置为 500，并设置 P 为 8、Q 为 1；在 Cross Section 项中设置 Radius 为 5，Sides 为 30，其余参数保持默认值。在修改命令面板中为环节石结加入 Taper 修改器，将 Amount 修改为 10，如图 109 所示。

DYNAMIC DACKGROUND MAKING OF FILM AND TELEVISION PROGRAM

影视栏目动态背景制作

4

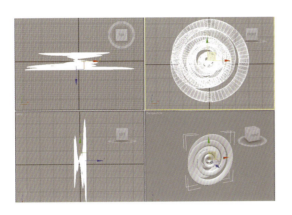

图110 得到模型

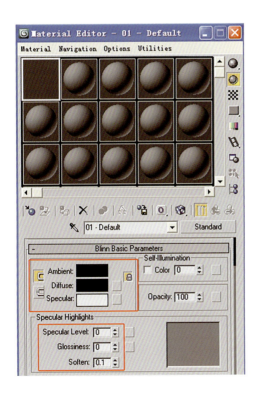

图111 设置参数

得到如图 110 所示的模型。

材质编辑

1. 单击键盘的 M 键，打开材质编辑器，单击 Standard 按钮在弹出的对话框中将材质类型设置为 Blend，单击 Material 1 后面的按钮进入第一个子材质，设置 Ambient 和 Diffuse 颜色为黑色，将 Specular Level 和 Glossiness 参数设置为 0。展开 Extended Parameters 卷展栏，在 Falloff 项中将 Amt 设置为 100，在 Type 项中选择 Addit 方式，如图 111 所示。

159

TV COLUMN PACKAGING
影视栏目包装

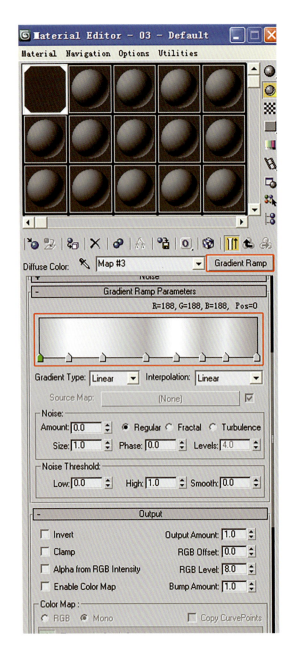

图112　设置参数

单击返回上一级材质按钮,再单击 Material 2 后面的按钮,进入第二个子材质,将 Specular Level 和 Glossiness 设置为 0,展开 Extended Parameters 卷展栏,将 Amt 设置为 100,在 Type 项中选择 Addit。展开 Maps 卷展栏,单击 Diffuse Color 旁的 None 按钮,在弹出的 Material/Map Browser 对话框中选择 Gradient Ramp 贴图,对 Gradient Ramp 进行设置。展开 Output 卷展栏为了加强亮度,将 Rgb Level 设置为 8。参数设置如图 112 所示。

返回到 Blend 材质面板,单击 Mask 后面的按钮,在弹出的对话框中选择 Falloff,Falloff 贴图进行设置,展开 Output 卷展栏将 Rgb Level 设置为 2。参数设置如图 113 所示。

2.这样材质编辑就完成了,单击将材质指定给选定物体按钮,将材质赋予模型,如图 114 所示。

调整透视图角度,选择合适的透视图进行渲染,渲染出如图 115 所示具有许多圆形彩色线条的效果。

设置动画

1.在视图中选中模型进入修改命令面板,选中堆栈中的 Torus Kon,在时间轴的第 0 帧,按下 Auto Key 按钮开始记录动画。将时间滑

DYNAMIC DACKGROUND MAKING
OF FILM AND TELEVISION PROGRAM
影视栏目动态背景制作 4

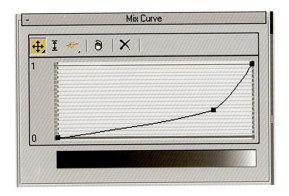

图 113　设置参数

图 115　效果图

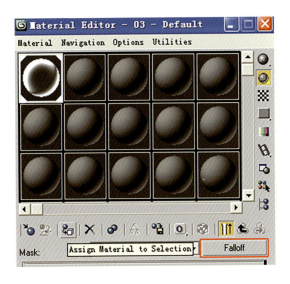

图 114　将材质赋予模型

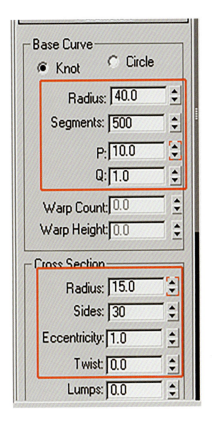

图 116　设置参数

161

TV COLUMN PACKAGING
影视栏目包装

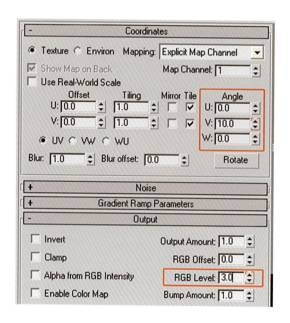

图 117　设置参数

图 118　进行渲染

块拖到 100 帧处，将 P 修改为 10，将 Cross Section 项中的 Radius 修改为 15。单击堆栈中的 Taper 修改器，将 Amount 修改为 5，如图 116 所示。

现在播放动画可以看到模型开始不断地变化，线条也在不断地变化。另外，材质的颜色和亮度也需要不断变化，按照同样的方法可以将材质的变化过程记录为动画。

2. 打开材质编辑器，单击 Material 2 子材质后面的按钮，在 Maps 卷展栏中单击 Gradient Ramp 贴图。按下 Animate 按钮，在 100 帧处将 Coordinates 卷展栏的 Angle 项中的 V 修改为 10。在 Output 卷展栏中将 Rgb Level 修改为 3，如图 117 所示。

渲染设置

1. 打开渲染设置窗口，在 Time Output 项中选择 Active Time 0 to 100，选择合适的渲染尺寸，在 Render Output 项中单击 Files 按钮选择保存的路径和格式后对动画进行渲染，如图 118 所示。

DYNAMIC DACKGROUND MAKING
OF FILM AND TELEVISION PROGRAM
影视栏目动态背景制作 **4**

2. 渲染完成就可以得到动画文件，最终的效果如图 119 所示。

图 119　效果渲染图

案例总结：本案例通过扩展几何体工具制作圆环模型，并对圆环模型添加混合型材质来体现透明的效果，重点是使用 Taper 修改器工具来建立动态效果。

TV COLUMN PACKAGING
影视栏目包装

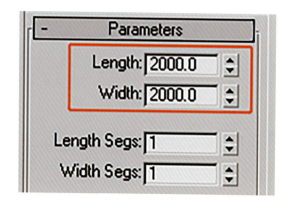

图 120　设置参数

图 121　设置参数

五　影视频道动态背景综合制作

制作思路：

1. 文字的建立

2. 图形模型的建立

3. 透明玻璃材质设定

4. 灯光效果设定

5. 关键帧动画的设定

创建模型与文字

1. 打开 3ds Max 软件，首先打开时间配置按钮，单击 time Configuration 对话框，设置 Frame Rate 为 Pal，设置 Animation 下的 End Time 为 200，单击 OK。如图 120 所示。

2. 单击 Top 视图，接着单击创建面板下的几何体，选择 Plane 按钮，在 Top 视图创建一个平面物体 Plane01，进入修改命令面板，选中平面物体，在其参数卷展栏下，设置 Length 为 2000、Width 为 2000、Length Segs 和 Width Segs 的数值都为 1。设置如图 121 所示。

DYNAMIC DACKGROUND MAKING OF FILM AND TELEVISION PROGRAM
影视栏目动态背景制作

3. 单击创建图形按钮下的文字选项，在 Top 视图输入英文 Movie 以及中文电影频道。修改英文字体为 Arial，文字 Size 大小为 60，单击文字下划线按钮，接着修改中文字体为黑体，文字 Size 大小为 100，如图 122 所示。

选中英文字体，单击修改器卷展栏，在其下拉菜单单击 Extrude 修改器，设定其 Amount 数值为 10。接着选中中文字体，单击修改器卷展栏，在其下拉菜单单击 Extrude 修改器，设定其 Amount 数值为 20。如图 123 所示。

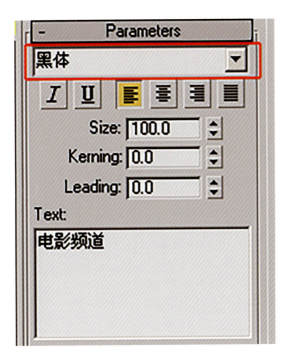

图 122　设置参数

图 123　设置参数

165

TV COLUMN PACKAGING
影视栏目包装

创建路径

这时我们单击 Left 视图,此视图需要创建文字运动路径,单击创建图形按钮下的 Arc 选项,在视图中创建一个弧形线 Arc01,展开 Rendering 卷展栏,勾选 Enable In Renderer 和 Enable In Viewport 项,设置 Thickness 为 1,如图 124 所示。

进入修改器卷展栏,在 Parameters 下修改弧线参数,具体设置如图 125 所示。

编辑材质

1. 单击键盘的 M 键,打开材质编辑器,选择一个材质球,在 Blinn Basic Parameters 展卷栏下,设置 Diffuse 颜色为 R=5、G=20、B=50,选择场景中的 Plane01 物体,单击将材质赋予选定对象按钮,将材质赋予平面物体,如图 126 所示。

2. 再选择一个新的材质球,在 Blinn Basic Parameters 展卷栏下,设置 Diffuse 颜色为 R=255、G=255、B=255,设置 Self-Illumination 下的 Color 为 100。选择场景中的 Arc01 弧线物体以及英文字体,单击将材质赋予选定对象按钮,将材质赋予物体,如图 127 所示。

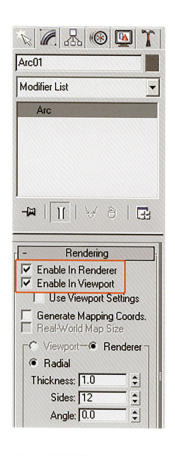

图 124 设置参数

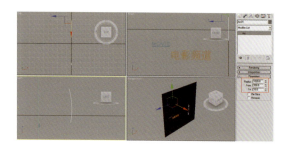

图 125 修改参数

DYNAMIC DACKGROUND MAKING
OF FILM AND TELEVISION PROGRAM   4
影视栏目动态背景制作

图126　赋予平面物体

3. 对中文字体添加透明玻璃材质效果，打开材质编辑器，在 Shade Basic Parameters 展卷栏里选择 Phong 材质类型，设置 Glossiness 光泽度值为60，Specular Level 高光级别值为120，Opacity 不透明度值为40，如图128所示。

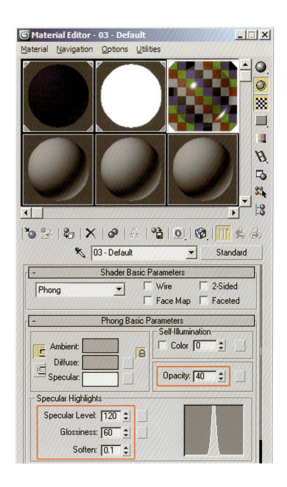

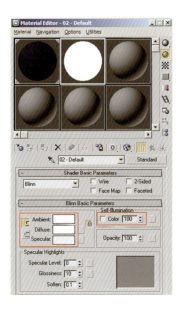

图127　材质赋予物体

图128　设置参数

167

TV COLUMN PACKAGING
影视栏目包装

选择一个新的材质球，展开 Maps 面板，单击 Reflection 右侧之 None 钮，在 Material 的 Map Browser 浏览器中选择 Raytrace，设置 Reflection 数值为 60，如图 129 所示。

确认选中中文字体，单击将材质赋予选定对象按钮，将材质赋予物体。如图 130 所示。

创建文字运动效果

1. 选择英文字体，进入修改器卷展栏，为文字添加 Pathdeform(Wsm) 修改器，在 Parameters 卷展栏下，单击 Pick Path 按钮，在视图中拾取 Arc01 弧线，单击 Move To Path 按钮，在 Path Deform Axis 下点选 y 轴，设置 Percent 为 -2，如图 131 所示。

单击 Autokey 按钮，将时间线滑块拖到 15 帧处，保持选择英文字体，进入修改器展卷栏，设置 Percent 为 50，如图 132 所示。

继续移动时间滑块，分别拖动到第 60 帧处，设置 Percent 为 60；拖动到第 80 帧处，设置 Percent 为 75；拖动到第 125 帧处，设置 Percent 为 95。再次单击 Autokey 按钮，取消自动关键帧命令。效果如图 133 所示。

2. 接着需要制作中文运动效果，首先选择弧线 Arc01 物体，在 Front 视图中按住键盘

图 129　设置参数

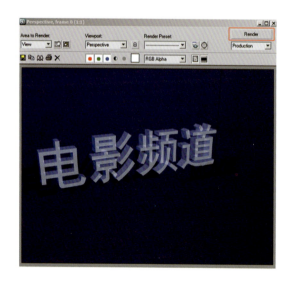

图 130　材质赋予物体

DYNAMIC DACKGROUND MAKING OF FILM AND TELEVISION PROGRAM
影视栏目动态背景制作

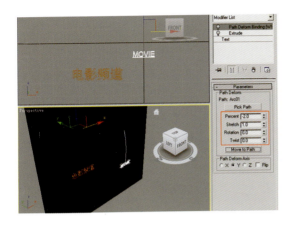

图 131　设置参数

的 Shift 键不放开，沿着 x 轴方向移动，这样可以直接复制出 Arc02 物体，在提示框里选择 Copy 项即可，如图 134 所示。

选择中文字体，进入修改命令展卷栏，为文字添加 Pathdeform(Wsm) 修改器，在 Parameters 卷展栏下，单击 Pick Path 按钮，在视图中拾取 Arc02 弧线，单击 Move To Path 按钮，在 Path Deform Axis 下点选 y 轴，设置 Percent 为 0，如图 135 所示。

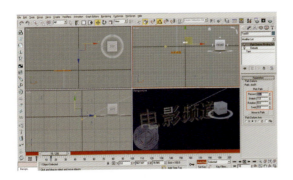

图 132　设置参数

图 134　复制物体

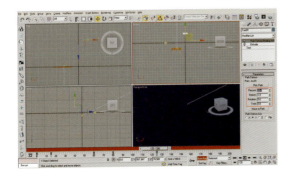

图 133　设置参数

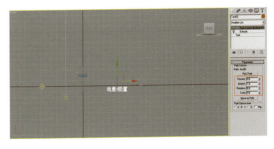

图 135　设置参数

TV COLUMN PACKAGING
影视栏目包装

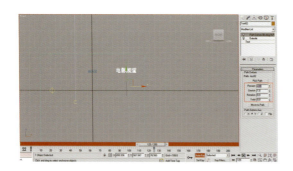

图 136　单击 Autokey 按钮

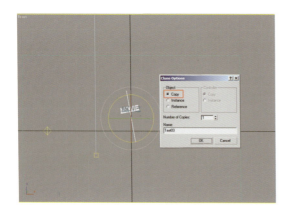

图 137　设置参数

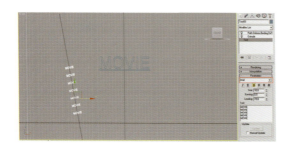

图 138　设置参数

单击 Autokey 按钮，将时间线滑块拖到 125 帧处，设置 Percent 为 95。再次单击 Autokey 按钮，取消自动关键帧命令，如图 136 所示。

主要文字动画设置完成。

创建辅助文字运动效果

1. 选择弧线 Arc01 物体和英文字体，在 Front 视图中，单击激活角度捕捉切换按钮，按住键盘的 Shift 键不放，沿逆时针方向锁定 z 轴旋转 10°进行复制，得到 Arc03 和 Text03 物体，如图 137 所示。

使用移动工具调整文字和弧线位置，选择 Text03 文字，进入修改器命令展卷栏，返回到 Text 次物体，在 Parametres 下，文字字体不变，取消下划线设置，设置文字 Size 为 10、Leading 为 15。在文字输入框中输入 7 行 Movie 文字，如图 138 所示。

170

DYNAMIC DACKGROUND MAKING
OF FILM AND TELEVISION PROGRAM
影视栏目动态背景制作

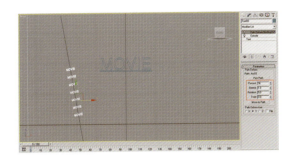

图 139　设置参数

选择 Text03 文字的所有关键帧，单击 Delete 键，删除全部关键帧。单击修改器命令里的 Path Deform(Wsm)，设置 Percent 值为 36，如图 139 所示。

单击 Autokey 按钮，将时间滑块移动到 35 帧处，设置 Percent 为 60；接着将时间滑块移动到 125 帧处，设置 Percent 为 80。再次单击 Autokey 按钮，取消自动关键帧命令。如图 140 所示。

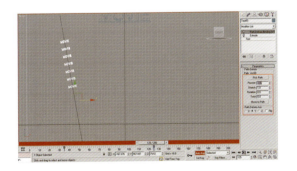

图 140　设置动画

2. 单击 Front 视图，选择弧线 Arc03 和 Plane01 物体，按住键盘的 Shift 键，沿 x 轴正方向进行移动复制，得到 Arc04 和 Plane02 物体，如图 141 所示。

选择 Plane02 物体，单击修改器命令展卷栏，在 Parameters 参数栏下，设置 Length 为 125、Width 为 8、Length Segs 为 1、Width Segs 为 1，如图 142 所示。

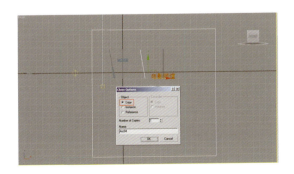

图 141　复制物体

为 Plane02 物体添加 Pathdeform(Wsm) 修改器，在 Parameters 卷展栏下，单击 Pick Path 按钮，在视图中拾取 Arc04 弧线，单击 Move To Path 按钮，在 Path Deform Axis 下点选 y 轴，设置 Percent 为 −8，如图 143 所示。

TV COLUMN PACKAGING
影视栏目包装

图 142　设置参数

图 143　设置参数

单击 Autokey 按钮，将时间滑块移动到 125 帧处，设置 Percent 为 110。再次单击 Autokey 按钮，取消自动关键帧命令，如图 144 所示。

单击键盘的 M 键，打开材质编辑器，保持选中 Plane02 物体不变，选择一个新材质球，在 Blinn Basic Parameters 展卷栏下，设置 Diffuse 颜色为 R=255、G=160、B=0，单击将材质赋予选定对象按钮，将材质赋予 Plane02 物体，如图 145 所示。

这时我们可以单击键盘的 F9 键，快速渲染查看效果。参考效果如图 146 所示。

3. 继续增加文字的运动效果。选择 Arc03 和 text03 物体，按住键盘的 Shift 键，沿逆时针方向 y 轴旋转 20° 进行复制，得到 Arc05 和 Text04 物体，移动到适合位置即可，如图 147 所示。

选择 Arc05，进入修改器命令，取消 Rendering 展卷栏下的 Enable In Renderer 项和 Enable In Viewport 项的勾选。选择 Text04，进入修改器命令，返回到 Text 次物体，在 Parametres 下，文字字体不变，取消下画线设置，设置文字 Size 为 20、Leading 为 0。在文字输入框中输入单行 Movie 文字，如图 148 所示。

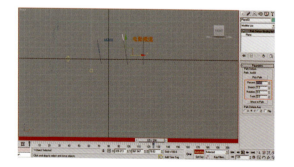

图 144　设置参数

DYNAMIC DACKGROUND MAKING OF FILM AND TELEVISION PROGRAM

影视栏目动态背景制作

4

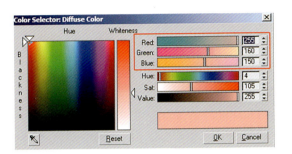

图 145　材质赋予物体

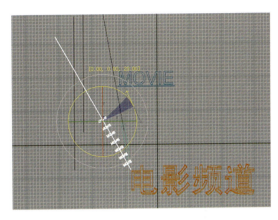

图 147　复制物体

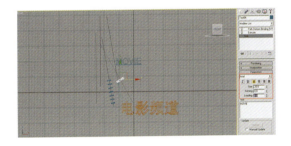

图 148　设置参数

图 146　渲染效果图

173

TV COLUMN PACKAGING
影视栏目包装

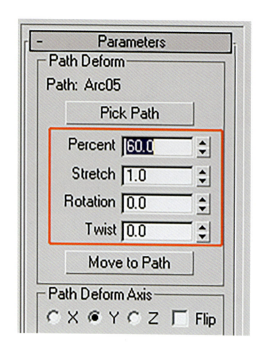

图 149　设置参数

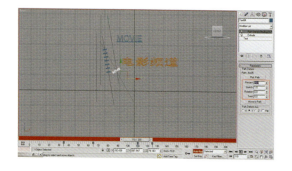

图 150　设置参数

选择 Text04 的所有关键帧，按键盘的 Delete 键，全部删除。返回 Text04 的 Pathdeform(Wsm) 层级，设置 Percent 为 60，如图 149 所示。

单击 Autokey 按钮，将时间滑块移动到 35 帧处，设置 Percent 为 36；将时间滑块移动到 65 帧处，设置 Percent 为 60，将时间滑块移动到 110 帧处，设置 Percent 为 50，再次单击 Autokey 按钮，取消自动关键帧命令，如图 150 所示。

单击键盘的 M 键，打开材质编辑器，保持选中 Text04 物体不变，选择一个新材质球，在 Blinn Basic Parameters 展卷栏下，设置 Diffuse 颜色为 R=255、G=0、B=160，单击将材质赋予选定对象按钮，将材质赋予 Text04 物体，如图 151 所示。

4. 接着为文字增加新的运动效果。选择 Arc02 和 Text02 中文字体，在 Front 视图中，单击激活角度捕捉切换按钮，按住键盘的 Shift 键不放，沿逆时针方向锁定 z 轴旋转 50°进行复制，得到 Arc06 和 Text05 物体。如图 152 所示。

选择 Text05 文字，进入修改器命令展卷栏，返回 Text 次物体，在 Parametres 下，文字字体改为 Arial，设置文字 Size 为 10、Leading 为

DYNAMIC DACKGROUND MAKING OF FILM AND TELEVISION PROGRAM

影视栏目动态背景制作 4

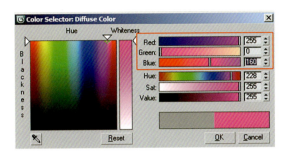

10，在 Text 输入栏将中文字体替换为 Movie，文字数量视具体效果为准，参考如图 153 所示。

返回 Text05 的 pathdeform(Wsm) 层级，设置 Rotation 为 90，在 Path Deform Axis 下选择 x 轴，并勾选 Flip 项，如图 154 所示。

选择 Text05 的所有关键帧，按键盘的 Delete 键，全部删除。返回 Text05 的 Pathdeform(Wsm) 层级，设置 Percent 为 65，如图 155 所示。

图 151　设置参数

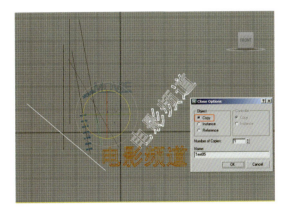

图 152　复制物体

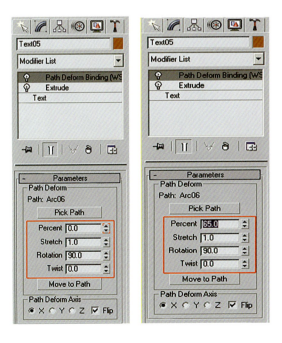

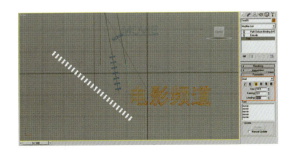

图 154　设置参数　　图 155　设置参数

图 153　设置参数

TV COLUMN PACKAGING
影视栏目包装

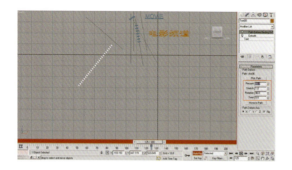

图 156　设置参数

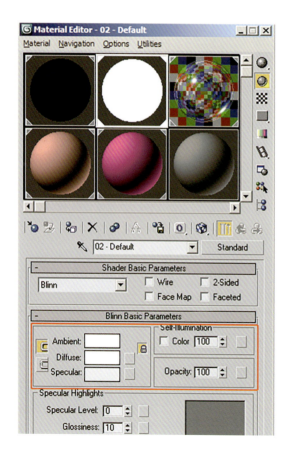

图 157　材质赋予物体

单击 Autokey 按钮，将时间滑块移动到 125 帧处，设置 Percent 为 88。再次单击 Autokey 按钮，取消自动关键帧命令。如图 156 所示。

单击键盘的 M 键，打开材质编辑器，保持选中 Arc06 和 Text05 物体不变，选择之前制作的带白色自发光的材质球，单击将材质赋予选定对象按钮，将材质赋予 Text05 物体，如图 157 所示。

最后单击 Left 视图，对文字和弧线进行位置的调整，单击键盘的 F9 键，快速渲染查看效果，参考如图 158 所示。

创建灯光

1. 单击 Left 视图，单击创建灯光命令下的 Omni 灯光项，创建一个泛光灯 Omni01，如图 159 所示。

进入修改器命令，在 General Parameters 展卷栏下，勾选 Shadows 下的 On 项，指定阴影贴图方式为 Ray Traced Shadows 项，如图 160 所示。

在 Inrensity/Color/Attenuation 展卷栏下，勾选 Far Attenuation 下的 Use 项和 Show 项，设置 Start 为 80、End 为 500，如图 161 所示。

176

DYNAMIC DACKGROUND MAKING OF FILM AND TELEVISION PROGRAM

影视栏目动态背景制作

4

图 158 调整文字弧线及渲染

图 159 创建泛光灯

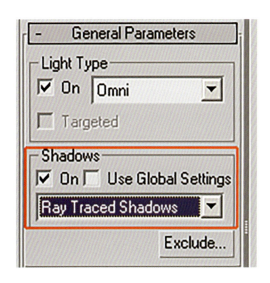

图 160 更改贴图方式

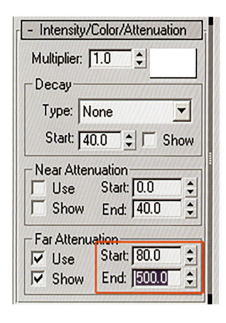

图 161 设置参数

177

TV COLUMN PACKAGING
影视栏目包装

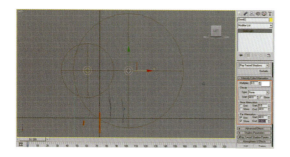

图162 设置参数

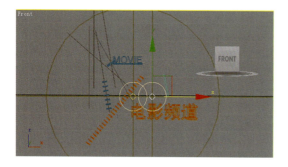

图163 选中物体进行复制

2. 选中Omni01灯光物体，按住键盘的Shift键，沿x轴正方向移动进行复制，得到Omni02物体。在Inrensity/Color/Attenuation展卷栏下，设置Multiplier为0.3，勾选Far Attenuation下的Use项和Show项，设置Start为80、End为1060，如图162所示。

3. 选中Omni02灯光物体，按住键盘的Shift键，沿x轴正方向移动进行复制，得到Omni03物体，如图163所示。

进入修改命令面板，在Inrensity/Color/Attenuation展卷栏下，设置Multiplier为1，取消勾选Far Attenuation下的Use项和Show项，如图164所示。

切换到Perspective透视视图，使用弧形旋转工具调整透视视图的角度，单击键盘的F9键，快速渲染，如图165所示。

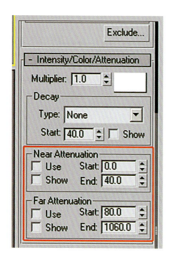

图164 设置参数

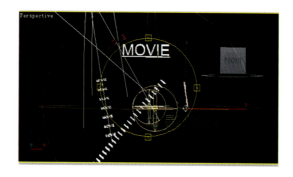

图165 快速渲染

DYNAMIC DACKGROUND MAKING OF FILM AND TELEVISION PROGRAM 4
影视栏目动态背景制作

创建动画效果

1. 切换到 Left 做视图，单击创建命令下的摄像机按钮，创建 Target 目标摄像机 Camera01，如图 166 所示。

切换到 Perspective 透视视图，按键盘的 C 键，这时会自动切换到 Camera01 摄像机视图，将时间滑块移动到 0 帧，使用推拉摄像机工具、平移视图工具调整摄像机视图的形态，如图 167 所示。

单击 Autokey 自动关键帧按钮，将时间滑块移动到 30 帧，使用推拉摄像机工具，在视图中由上至下拖拽鼠标，将摄像机视角推远；切换到 Left 视图，使用移动工具，分别调整摄像机以及目标点的位置，如图 168 所示。

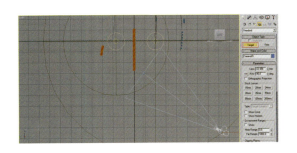

图 166　创建摄像机

图 167　设置参数

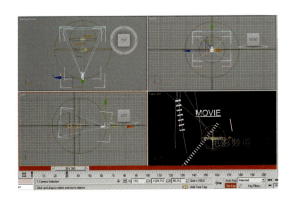

图 168　设置参数

TV COLUMN PACKAGING
影视栏目包装

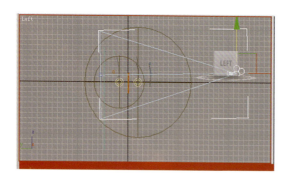

图 169 调整摄像机

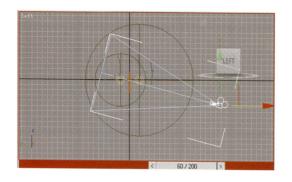

图 170 调整摄像机

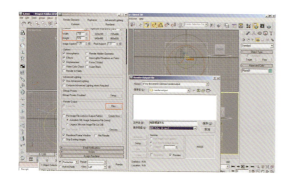

图 171 设置参数

将时间滑块移动到 60 帧,切换到 Left 视图,使用移动工具,沿 x 轴的正方向调整摄像机的位置,如图 169 所示。

将时间滑块移动到 125 帧,在 Left 视图使用移动工具,沿 x 轴正方向轻微调整摄像机的上下和左右位置,如图 170 所示。

单击 Autokey 按钮,取消自动关键帧命令。

2. 单击键盘的 F10 键,打开渲染场景设置对话框,在 Time Output 下,选择 Active Time Segment 活动时间段: 0 到 200 项; 在 Output Size 输出尺寸下,设置 Width 为 720、Length 为 576; 在 Render Output 渲染输出下,单击 Files 按钮,在打开的 Render Output Files 渲染输出文件对话框,指定输出文件的保存位置,并设置一个文件名称"电影频道片头",文件格式为 AVI,最后单击保存按钮,如图 171 所示。

3. 接着在打开的 AVI File Compression Setup 文件压缩设置对话框中,单击 OK 按钮; 返回 Render Scene 渲染场景按钮,单击 Render 按钮,进行动画渲染,如图 172 所示。

按键盘的 F9 键进行动画渲染,渲染效果如图 173 所示。

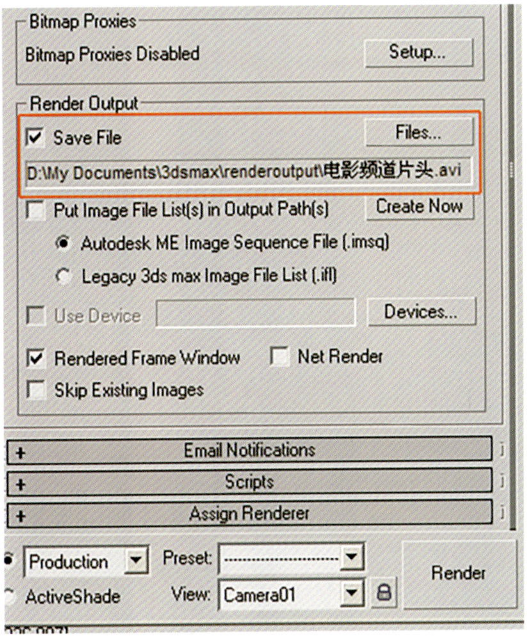

DYNAMIC DACKGROUND MAKING
OF FILM AND TELEVISION PROGRAM 4
影视栏目动态背景制作

等待渲染完成,得到完整的动画视频文件。

案例总结:本案例是片头动画特效的综合制作。首先,使用图形工具建立文字及图形元素,使用材质编辑器为模型添加不同的外观效果,重点是给场景添加环境特效、整体画面灯光效果、移动模型位置,建立关键帧动画后完成案例制作。

图 172 渲染设置

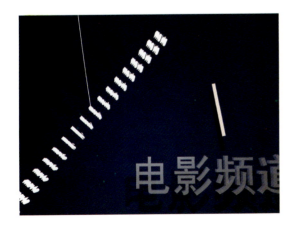

图 173 渲染效果图

课后练习

1. 如何规划影视包装作品的画面?

2. 如何设置 3ds Max 摄像机镜头?

3. 如何使用 3ds Max 动画约束工具?

181

TV COLUMN PACKAGING
影视栏目包装

六 案例赏析

图 174 炫彩影视栏目背景画面

DYNAMIC DACKGROUND MAKING OF FILM AND TELEVISION PROGRAM

影视栏目动态背景制作

图 175 水墨风格的影视片画面

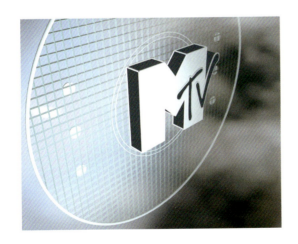

图 176 影视栏目包装设计画面

附录

3Ds Max 2013 版本菜单命令中英文对照表。

1. File/ 文件菜单命令对照，如图所示。

New	新建
Reset	重置
Open	打开
Save	保存
Save As	保存为
Import	导入
Export	导出
Send To	发送到
Reference	参考
Manage	管理
Properties	属性

2. Edit/ 编辑菜单命令对照，如图所示。

Undo	撤销
Redo	重做
Hold	暂存
Fetch	取回
Delete	删除
Clone	克隆
Move	移动
Rotate	旋转
Scale	缩放
Placement	放置
Transform Type-In...	变换输入（T）
Transform Toolbox...	变换工具框
Select All	全选
Select None	全部不选
Select Invert	反选
Select Similar	选择类似对象
Select Instance	选择实例
Select By	选择方式
Select Region	选择区域
Manage Selection Sets	管理选择集
Object Properties	对象属性

3. Tools/ 工具菜单命令对照，如图所示。

Containers explorer	容器资源管理器
New scene explorer	新建场景资源管理器
Manager scene explorer	管理场景资源管理器
Saved scene explorers	保存的场景资源管理器
Containers	容器
Isolate selection	隔离当前选择
End Isolate	结束隔离
Display floater	显示浮动框
Manager layers	层管理器
Manager scene states	管理场景状态
Light lister	灯光列表
Mirror	镜像
Array	阵列
Align	对齐
Snapshot	快照
Rename objects	重命名对象
Assign vertex colors	指定顶点颜色
Color clipboard	颜色剪贴板
Perspective match	透视匹配
Viewport canvas	视口画布
Preview-grab viewport	预览 – 抓取视口
Grids and snaps	栅格和捕捉
Measure distance	测量距离
Channel info	通道信息
Mesh inspector	网格检查器

4. Group/ 组菜单命令对照，如图所示。

Group	组
Ungroup	解组
Open	打开
Close	关闭
Attach	附加
Detach	分离
Explode	炸开
Assembly	集合

5. Views/ 视图菜单命令对照，如图所示。

Undo view change	撤销视图修改
Redo view change	重做视图修改
ViewPort configuration	视图配置
Redraw all views	重画所以视图
Set active viewport	设置活动视图
Set active perspective view	保存活动透视视图
Restore active perspective view	还原活动透视视图
Viewcube	Viewcube
Steeringwheels	方向盘
Create camera from view	从视图创建摄像机
Show materials in viewport as	视口中的材质显示为
Viewport lighting and shadows	视口照明和阴影
xView	xView
Viewport background	视口背景
Show transform gizmo	显示变换轴
Show ghosting	显示重影
Show key times	显示关键点时间
Shade selected	明暗处理选定对象
Show dependencies	显示从属关系
Update during spinner drag	微调器拖动期间更新
Progressive display	渐进式显示
Expert mode	专家模式

6. Create/ 创建菜单命令对照，如图所示。

Standard primitivies	标准基本体
Extended primitivies	扩展基本体
AEC object	AEC 物体
Compound	复合
Particle	粒子
Patch grids	面片栅格
NURBS	曲线曲面的非均匀有理 B 样条
Dynamic	动力学
Mental ray	Mental ray
Shapes	图形
Extended shapes	扩展图形
Lights	灯光
Cameras	摄像机
Helpers	辅助对象
Spacewarps	空间扭曲
Systems	系统

7. Modifiers/ 修改器菜单命令对照，如图所示。

Selection modifiers	选择修改器
Patch/Spline editing	面片/样条线编辑
Mesh editing	网格编辑
Conversion	转化
Animation	动画
Cloth	布料
Hair and fur	头发和皮毛
Uv coordinates	Uv 坐标
Cache tools	缓存工具
Subdivision surfaces	细分曲面
Free form deformer	自由形式变形器
Parametric deformers	参数化变形器
Surface	曲面
NURBS editing	NURBS 编辑
Radiosity	光能传递
Cameras	摄像机

8. Animation/ 动画菜单命令对照，如图所示。

Load animation	加载动画
Save animation	保存动画
IK solvers	IK 解算器
Constraint	约束
Transform controllers	变换控制器
Position controllers	位置控制器
Rotation controllers	旋转控制器
Scale controllers	缩放控制器
CAT	CAT
massFX	massFX
Parameter Editor	参数编辑器
Paramete collector	参数收集器
Wire parameters	关联参数
Animation layers	动画层
Reaction manager	反应管理器
Bone tools	骨骼工具
Set as skin pose	设为蒙皮姿势
Assume skin pose	采用蒙皮姿势
Skin pose mode	蒙皮姿势模式
Toggle limits	切换限制
Delete selected animation	删除选定动画
Populate	填充
Walkthrough assistant	穿行助手
Autodesk animation store	Autodesk 动画库

9. Graph Editors/ 图形编辑器菜单命令对照，如图所示。

Track view–cure editor	轨迹视图 – 曲线编辑器
Track view–dope sheet	轨迹视图 – 摄影表
New track view	新建轨迹视图
delete track view	删除轨迹视图
Saved track view	保纯的轨迹视图
New schematic view	新建图解视图
delete schematic view	删除图解视图
Saved schematic view	保纯的图解视图
Particle view	粒子视图
Motion mixer	运动混合器

10. Rendering/ 渲染菜单命令对照，如图所示。

Render	渲染
Render setup	渲染设置
Rendered frame window	渲染帧窗口
State sets	状态集
Radiosity	光能传递
Light tracer	光跟踪器
Exposure control	曝光控制
Environment	环境
Effects	效果
Raytracer settings	光线跟踪器设置
Raytracer global include/exclude	光线跟踪全局包含 / 排除
Render to texture	渲染到纹理
Render surface map	渲染曲面贴图
Material editor	材质编辑器
Material/map browser	材质 / 贴图浏览器
Material explorer	材质资源管理器
Video post	视频后期处理
View image file	查看图像文件
Panorama exporter	全景导出器
Batch render	批处理渲染
Print size assisant	打印大小助理
Gamma/LUT setup	Gamma/LUT setup 设置
Render messager window	渲染消息窗口
Compare media in ram player	比较 RAM 播放器中的媒体

11. Customer/自定义菜单命令对照，如图所示。

Customize user interface	自定义用户界面
Load Custom UI Scheme	加载自定义用户界面方案
Save Custom UI Scheme	保存自定义用户界面方案
Revert to startup layout	恢复初始启动布局
Lock UI layout	锁定 UI 布局
Show UI	显示 UI
Custom UI and defaults switcher	自定义 UI 与默认设置切换器
Configure user Paths	设置用户路径
Configure system Paths	设置系统路径
Units Setup	单位设置
Plug-in Manager	插件管理
Preferences	参数首选项

12. Maxscript/MAX 脚本菜单命令对照，如图所示。

New Script	新建脚本
Open Script	打开脚本
Run Script	运行脚本
MAXScript Listener	MAX 脚本侦听器
MAXScript Editor	MAX 脚本编辑器
Macro Recorder	宏录制器
Visual MAXScript Editer	可视化 MAX 脚本编辑器
Debugger dialog	调试器对话框
MAXScript reference	Max 脚本参考

13. Help/帮助菜单命令对照，如图所示。

Autodesk 3ds Max help	Autodesk 3ds Max 帮助
What's new	新功能
3ds Max learning channel	3ds Max 学习通道
Welcome screen	欢迎屏幕
Tutorials	教程
Learning path	学习途径
Additional help	附加帮助
Search 3ds Max commands	搜索 3ds Max 命令
MAXScript help	Max 脚本帮助
Exchange apps	交互应用程序
3ds Max services and support	3ds Max 服务和支持
3ds Max communities	3ds Max 社区
Speak back	反馈
3ds Max resources and tools	3ds Max 资源和工具
License borrowing	许可证借用
Autodesk product information	Autodesk 产品信息

参考书目

[1] 陈鹰，动感CG—3ds Max/After Effects影视包装案例教程[M]. 第1版. 北京：中国青年出版社，2010.

[2] 新视角文化行，3ds Max/After Effects影视包装与片头制作完美风暴[M]. 第1版北京：人民邮电出版社，2009.

[3] 陈洁滋，三维动画造型基础[M]. 第1版. 上海：上海科技教育出版社，2011.

[4] 王寿苹，周峰，孙更新，3ds Max8中文版影视动画广告经典案例设计与实现[M]. 第1版. 北京：电子工业出版社，2007.

[5] 王晓光，范韬，3ds Max9影视特效表现技法 [M]. 第1版. 北京：科学出版社，2008.

[6] 左现刚，颜锋，史艳艳，3ds Max 2014中文版三维动画设计100例[M]. 第1版. 北京：电子工业出版社， 2015.